엄마가 꼭 알아두어야 할 어린이 호흡기 질환 상식

감기를 달고 사는 아이들

대한소아알레르기 및 호흡기학회 편

小花

감 기 를 달 고 사 는 아 이 들

□ 발간사

점차 심해지는 대기 오염 때문인지 어린이들의 호흡기 질환이 증가하고 많은 아이들이 감기를 달고 있어서 아이들 자신의 고통은 물론 가족에게도 정신적, 경제적 부담이 큰 것이 현실입니다.

실제로 많은 질환들이 감기로부터 시작되고 유발되는 경우가 많아서 감기를 소홀히 할 수 없으며 이와 관련된 질환들에 관한 지식을 알고 있어야 할 필요가 있습니다.

소아의 호흡기는 발달 과정에 있기 때문에 연령에 따라 증상 발현이 다를 수 있고, 호흡기 질환들은 경과가 상당히 역동적인 특징이 있어서 콧물 혹은 기침이 있다고 단순히 국소적으로 코에 또는 기관지에만 문제가 있는 것은 아닙니다. 같은 감기 증세를 보이는 소아일지라도 아이들마다 개개인의 영양상태라든가 면역상태 등 전체 건강상태와 연계되어 다르게 나타날 수 있기 때문입니다.

따라서 이 책에서는 감기를 달고 있는 것처럼 보이는 아이들은 왜 그런지 또 감기를 계속 달고 지내면 어떠한 합병증이 생길 수 있는지 혹은 이러한 아이들은 어떻게 관리해야 하는지 상세한 해답을 얻을 수 있습니다.

모든 질병이 그렇듯이, 특히 자라나는 어린 소아 호흡

기 질환을 질병 초기부터 잘 알아서 관리하고 대비하는 것은 중요합니다.

지난 1995년에 이 책의 초판이 발행된 지 얼마 안 되어서 절판되었습니다.

따라서 금번에 일부 최신 지견을 교정해서 재판하게 되었습니다. 늘 아이들이 감기를 달고 지내고 있어 걱정이 많으신 부모님들에게 좋은 육아 지침서가 되리라 믿으며 이 책이 우리들의 새싹인 어린이들을 건강하게 키우시는 데 큰 도움이 되기를 바랍니다.

(전) 대한소아알레르기호흡기학회장
한림대학교 의과대학 소아과 교수
윤 혜 선

□ 추천사

소중한 자녀들이 항상 감기를 달고 살기 때문에 근심과 걱정이 떠날 날이 없는 부모들이 많습니다. 여기서 한마디로 감기라고는 했으나 사실은 감기가 아니라 다른 호흡기 질환을 감기로 오인하는 일도 많습니다. 본래 감기란 며칠 앓고 나면 저절로 낫는 병이기 때문입니다. 감기건 그 합병증이건 또는 다른 호흡기 질환이건 간에 이처럼 감기 증상이 자주 나타나는 아이들은 이들이 앓고 있는 병이 무엇인지, 병의 성격은 어떤 것인지, 또 그 치료는 어떻게 해야 되는지에 대해서 부모들은 많은 지식을 가지고 있어야만 합니다.

자녀들이 자주 앓는 호흡기 질환에 대한 지식을 얻는 방법에는 두 가지가 있습니다. 그 하나는 의사에게서 얻는 것인데 바쁜 의사는 병명 정도를 알려줄 수 있을 뿐 긴 설명을 할 시간적 여유가 없습니다. 우리나라의 의료 여건상 이는 어쩔 수 없는 일이라고 하겠습니다. 다른 한 가지는 책으로부터 지식을 얻는 것인데 우리나라에는 아직 부모들이 읽을 만한 이렇다할 호흡기 질환 서적이 별로 없습니다. 그래서 대한소아알레르기 및 호흡기학회에서는 호흡기 질환을 자주 앓는 아이를 키우시는 부모들에게 조금이라도 도움을 드리기 위하여 이 책을 만들게 된 것입니다.

이 책의 특징은 부모들이 평소에 지니고 있던 의문점들을 쉽게 이해해서 해결할 수 있도록 한 데 있습니다. 사실 부모들이 알고 싶어하는 의문점들은 얼핏 보기에 퍽 많은 것 같지만 이를 종합해 보면 얼마 되지 않습니다. 이 책을 저술한 의사들은 주로 소아의 알레르기 및 호흡기질환을 다루는 전문가들입니다. 그래서 부모들이 가지고 있는 의문점이 무엇인지 잘 알고 있으며, 또 부모들이 오해해서 잘못 치료하고 있는 병이 무엇인지도 잘 알고 있습니다. 따라서 여러분들이 이 책을 읽어 나가게 되면 평소에 알고 싶어하던 것을 마치 족집게로 집어내서 해결해 주듯이 의문점이 풀리게 되는 경험을 하시게 될 것입니다.

이 책이 여러분들의 귀한 자녀들의 병치료에 아무쪼록 많은 도움이 되기를 진심으로 빕니다.

(전) 대한소아과학회 이사장
연세대학교 의과대학 소아과 교수
이 기 영

□ 추천사

어린이가 아프면 소아과를 찾게 됩니다.

소아과란 어린이에 관한 전반적인 '소아과학'을 전공하고 소정의 시험에 합격하여 소아를 가장 잘 진료할 수 있다고 공인된 전문의사가 진료하는 곳입니다.

소아과학은 임신된 태아부터 청소년기(20세)에 이르는 소아 및 청소년의 건강을 유지하고 증진시키며 아울러 이들의 질병을 진단하고 치료하여 신체적, 정신적 및 사회적으로 건강하게 하는 학문입니다.

병원 진료과목 란에 소아과를 표시했다고 그 담당의사가 모두 소아과 전문의는 아니며 일반의사 또는 타 전문의사도 소아과를 진료한다고 표시하기 때문에 소아과를 표방한 의원 중에는 소아과 전문의사가 아닌 경우가 더 많습니다. 부모님들께서는 우리의 소중한 아이들이 소아과 전문의에게 진료를 받게 하는 혜안이 필요합니다.

어른이 자신의 주치의가 필요하듯 어린이에게도 주치의가 필요하며 어린이의 주치의는 소아과 전문의입니다.

감기란 교과서의 정의에 의하면 감기바이러스에 의한 급성 비인두염을 포함한 상기도감염으로서 평소에 타 질환이 없거나 합병증이 발생하지 아니하면 대증적인 요법으로 치료되는 질환입니다.

늘 감기를 달고 사는 아이라면 이 아이의 질병이 감기가 아니거나 감기로 인한 합병증 또는 후유증에 의한 것이 대부분입니다. 일반적으로 부모님들은 어린이에게 나타나는 많은 증상들이 감기일 것이라고 생각하고 소홀하게 다루어 적절한 치료시기를 놓치는 경우가 많습니다.

본인이 대학병원에서 외래환자를 진료하다 보면 "감기를 늘 달고 산다"는 아이와 접하게 되는 경우가 의외로 많지만 진료를 기다리는 다른 예약환자들 때문에 자세한 설명을 못하는 경우가 많습니다. 그런 터에 감기를 달고 사는 아이들의 부모를 위하여 발행된 좋은 책을 접하게 되니 대단히 기쁩니다.

이 책은 소아 전문의에 의하여 집필되었기에 허약한 아이들, 특히 감기를 달고 사는 어린이들의 부모 및 이에 관여하는 의료인들에게 좋은 참고가 될 것으로 확신하며 2차 증보판을 가능케 하여 주신 소아알레르기 및 호흡기학회 집필진께 진심으로 감사드립니다.

(전) 대한소아과학회 회장
충남대학교 의과대학 소아과 교수
정 용 헌

차 례

제1부 감기를 달고 사는 아이들을 위한 지혜

제2부 소아 호흡기 질환에 대한 상식

따라 조금씩 다르긴 하지만 이보다 더 많이 앓는다면 확실히 감기를 자주 앓는다고 여겨도 무방할 것입니다. 하지만 1년에 6번에서 8번까지가 정상이라고 해서 9번째부터를 '자주' 앓는 것으로 볼 수는 없습니다. 정말 감기를 자주 앓는 아이들이란 감기에 걸린 기간과 걸리지 않은 기간과의 사이가 분명치 않을 정도로 앓는 아이들을 말합니다. 그야말로 끊임없이 감기를 달고 사는 것이지요. 이른바 '감기를 달고 사는 아이'들이란 바로 이런 아이들을 일컫는 것입니다.

2 엄마들이 알고 있는 감기의 실체

흔히 '감기는 만병의 근원'이라고 합니다. 이 말은 감기가 원인이 되어 다른 병에 걸릴 수도 있다는 뜻입니다. 실제로도 감기를 제때 치료하지 않아 또다른 병을 불러 일으키는 경우도 적지 않습니다.

또한 이 말을 다른 관점에서 보면, 우리가 감기 증상으로 알고 있는 것이 사실은 감기가 아닌 다른 병일 수도 있다는 뜻으로 해석할 수 있습니다. 다시 말해서 '감기 증상과 비슷한 병'들이 너무 많아서 자칫하면 이러한 병들을 모두 감기로 오인할 수도 있다는 뜻입니다.

한번은 병원에서 이런 일이 있었습니다.

한 아이를 데리고 온 엄마가 수심이 가득한 얼굴로 "얘는 매일 기침을 하며 한시도 감기가 떠날 날이 없어요"라며 하소연을 하는 것입니다. 그런데 가만히 보니 진찰실에 들어와 한참이 지났는데도 그 아이는 기침소리를 내지 않는 것이었습니다. 그래서 "그렇게 기침을 많이 한다는데 지금은 기침을 안하네요?"라고 묻자 그 아이의 엄마는 한 번 자세히 들어 보라고 하는 것이었습니다. 아이에게 바싹 다가가 귀를 대고 들어 보았지요. 그랬더니 그 아이는 아주 작은 소리로 '캑캑' 하는 소리를 내고 있는 게 아니겠습니까?

그러나 이 소리는 진짜 기침소리가 아니라 그 아이의 버릇 때문에 나는 소리였지요. 예를 들어 아이들이 눈을 깜빡거린다거나 다리를 떠는 것과 같은 버릇이었던 것입니다. 그래서 "잠 잘 때에는 이런 기침을 하지 않지요?" 하고 물어 보니까 엄마는 그렇다고 대답하는 것이었습니다.

이와 같이 버릇에 의한 기침은 잠을 잘 때는 하지 않는 것이 특징입니다. 이처럼 버릇 때문에 기침을 하는 것(습관성 기침)도 엄마들은 감기 때문에 기침을 한다고 생각하곤 합니다.

이러한 예만 보더라도 엄마들이 알고 있는 감기의 판단 기준은 너무 주관적일 때가 많습니다. 주위의 말이나 경험에 따라 속단해 버리는 것입니다. 그렇다면 감기란 도대체 어떤 병을 가리키는가? 자세한 설명은 뒤에서 하기로 하고 여기서는 간략하게 살펴보도록 하겠습니다.

감기를 의학적인 용어로 풀이하면 '코와 목 등 상기도에 생기는 염증'을 말합니다. 따라서 엄밀한 의미로 감기라고 한다면 기침이 심하지 않고 가슴에서 가래 끓는 소리도 나지 말아야 합니다. 따라서 기침을 많이 하거나 가래 끓는 소리가 나면 이미 감기가 아니라 기관지나 폐에 염증이 있지 않나 의심하여 보아야 합니다.

그러나 일반적으로 엄마들은 어린이에게 나타나는 많은 증상들 모두가 '감기' 때문에 일어나는 것으로 알고 있습니다. 감기를 이처럼 넓은 의미로 해석하고 있기 때문에 병을 가볍게 생각하여 제대로 치료를 받지 못하게 되고, 아이는 계속해서 '감기'를 달고 사는 것이지요. 그러다 보니 단순한 감기라고 생각했던 것이 이미 감기를 뛰어넘어 합병증이 생겼거나 또는 감기가 아닌 다른 병을 감기로 오인하여 실제 앓고 있는 병의 적절한 치료 시기를 놓치는 일도 많이 있습니다.

결론적으로 감기란 목이 붓고 아프며, 열이 나고 콧물이 나거나 약간의 기침을 하는 정도의 병이므로 그밖의 증상이 나타나면 이미 감기의 합병증이 생겼거나 감기가 아닌 다른 병을 의심하여야 합니다.

3 감기와 비슷한 증상을 나타내는 질환들

'감기를 달고 사는 아이들'이 앓고 있는 병들 중에는 그 초기 증상이 감기와 비슷할 뿐 사실은 감기가 아닌 병들도 많습니다. 어떻게 보면 아이를 키우는 대부분의 엄마들이 잘못 알고 있는 점이 바로 이같은 사실일 것입니다. 평소에 앓던 감기와 비슷한 증상을 보이니까 감기인 줄로만 알고 방심하였다가 낭패를 보는 것이지요.

물론 이러한 경험이 없었다면 다행입니다만, 이미 이와 비슷한 경험을 하신 엄마들도 계실 것입니다.

아무튼 이런 경험을 하셨든 안하셨든간에 아이를 키우는 엄마들이라면 '감기'와 '감기 비슷한 질환'에 대해 정확히 알고 있어야만 아이의 병을 제때에 치료받을 수가 있고, 괜한 마음 고생도 덜 수 있을 것입니다.

엄마들의 이해를 돕기 위해 우선 가정에서 상식적으로 알아두어야 할 '감기와 비슷한' 증상을 보이는 병들에 관해 알아보겠습니다. 자세한 설명은 제2부와 제3부에서 다루도록 하고 여기서는 대략적인 소개만 하겠습니다.

(1) 기관지 천식

감기와 비슷한 증상이 자주 재발하는 아이들이 가장 흔하게 앓는 병이 기관지 천식입니다. 기관지 천식은 각종 공해가 심해지고 생활 양식이 서구화되면서 점차 늘어나고 있는 병들 가운데 하나입니다.

큰 아이들에게 나타나는 증상은 어른과 마찬가지로 천식의 전형적인 증상인 기침, 숨찬 증상, 가래 끓는 소리 등이 나타나지만 경한 천식이거나 다섯 살 미만의 어린 아이들에게서는 '감기와 비슷한 증상'을 나타내는 경우가 많아서 감기와 혼동하기가 아주 쉽습니다. 또 어린아이는 폐기능검사를 하기가 힘들기 때문에 정확한 진단을 하기도 쉽지가 않습니다.

그렇더라도 감기를 달고 사는 아이의 발병 원인이 기관지 천식이라면 어린이를 치료하고 관찰하는 동안에 결국은 기관지 천식의 '전형적인 증상'이 나타나게 되므로 이를 진단할 수가 있습니다.

(2) 세기관지염

이 병을 '모세기관지염'이라고도 부르는데, 아주 가느다란 기관지에 염증이 생긴 것을 말합니다. 세기관지염은 두 살 미만의 어린아이들에게 잘 생기는 호흡기 질환입니다.

아이가 숨을 쉴 때 '쌕쌕' 또는 '가랑가랑' 하고 가래 끓는 소리를 내기 때문에 기관지 천식과 세기관지염을 혼동하는 일이 많습니다. 그러나 이 병은 그렇게 자주 앓는 병이 아니라서 세기관지염이 1년에 세 번 이상 재발한다면 기관지 천식을 의심해 보아야 합니다.

또 세기관지염에 잘 걸리는 나이가 생후 6개월 정도의 갓난아기들이므로 돌이 지나서도 이 병에 자주 걸린다면 기관지 천식으로 보는 게 좋고, 돌이 지나서 이 병이 처음으로 나타나는 아이들도 일단은 기관지 천식을 의심해 보아야 합니다.

(3) 알레르기성 비염

알레르기성 비염은 국민학생 10명 중 1명이 앓고 있을 정도로 흔한 질병입니다. '재채기, 코막힘, 콧물'의 세 가지 증상이 주로 나타나기 때문에 이 증상을 3대 주요 증상이라고 하며, 엄마들이 흔히 감기로 혼동하는 이유도 이러한 증상 때문입니다.

또 알레르기성 비염은 치료를 받아도 잘 낫지 않기 때문에 이 질환이 있는 아이를 '감기를 달고 사는 아이'로 보는 경우가 많습니다. 특히 기온이 바뀐다거나 먼지를 들이마셨을 때 재채기, 콧물 등의 증상을 나타내기 때문에 항상 감기에 걸려 있는 것으로 보는 일이 많습니다.

(4) 만성 부비동염

부비동이란 눈 밑에 있는 광대뼈 속에 동굴처럼 뚫려 있는 공간입니다. 건강할 때는 공기로 채워져 있으나 염증이 생기면 고름과 같은 분비물이 고이게 됩니다. 그래서 일반인들은 축농증(즉 고름이 고여 있는 병)이라고 흔히들 말합니다. 그러나 어린이들은 고름이 심하게 고이는 축농증을 앓는 경우는 드물고 단순한 염증만 있는 경우가 많아 어른과 다른 증상이 나타납니다. 그래서 정확하게는 부비동염이라고 하여야 되지만 축농증이란 말이 좀더 많이 알려져 있고 이해하기 쉬울 것 같아 이 책에서도 두 가지 이름을 혼용해서 쓰고 있습니다.

어린이가 만성 부비동염에 걸리면 누런 콧물을 흘리고 코가 목뒤로 넘어가서 기관지에 염증을 일으키면 기침을 오래 하게 됩니다. 그러면 부모들은 "아이가 또 감기에 걸렸구나" "왜 이렇게 매일 감기를 달고 사나" 하고 걱정을 하게 됩니다.

(5) 기도 이물

기도 이물이란 땅콩이나 과자부스러기 등이 기관지로 들어간 현상을 말합니다. 세균에 의한 감염이 아니라는 점에서 단순한 사고 정도로 생각하기도 쉽지만 기도 이물을 대수롭지 않게 보아 넘겨서는 안됩니다.

기도 이물은 대개 한 살 전후의 아이들에게서 가장 많이 발생합니다. 아이가 너무 어려서 음식물을 삼키는 기능이 미숙하기 때문에 그렇습니다. 기도에 이물이 들어가면 갑자기 얼굴이 파래지고 캑캑거리지만 오랜 시간이 지나면 만성적으로 기침만 하는 수가 있습니다. 그러므로 만성 기침을 할 때, 즉 감기를 달고 살 때는 꼭 이 질환을 한번쯤 의심해 보아야 합니다.

오래된 기도 이물은 때때로 기관지 천식과 구별이 안되어 정확한 진단을 하기가 어려운 경우도 있습니다. 그리고 기도 이물을 제거하지 않고 오래 방치해 두면 생명을 잃게 되는 경우도 있으므로 반드시 올바른 치료를 받아야 합니다.

(6) 흡인성 폐렴

어린아이가 우유나 기름(간유 등) 같은 것을 마시다가 이것이 폐로 들어가 폐렴을 일으키는 현상을 흡인성 폐렴이라고 합니다. 흡인성 폐렴이 기도 이물과 다른 점은 기도 이물이 땅콩 같은 고형물질에 의해서 발생하는데 반해 이 질환은 우유와 같은 액체에 의해서 발생한다는 점입니다.

그러면 자주 마시게 되는 물은 어떨까요? 물은 우유와는 조금 다릅니다. 물은 잘못 마셔서 폐로 들어가도 흡수가 되기 때문에 큰 문제가 없지만 우유나 간유와 같이 기름 성분이 많은 물질이 폐로 들어가면 흡인성 폐렴이 생기게 됩니다. 그러므로 우유를 마실 때마다 쉽게 사래가 들리거나 발작적으로 기침을 하는 아이는 흡인성 폐렴이 생길 가능성이 많으므로 주의하여야 합니다.

(7) 결 핵

아이들이 폐결핵에 걸리면 마치 감기가 오래 계속되는 것처럼 만성적으로 기침을 하게 됩니다. 이때 "어린애한테 무슨 결핵이 있겠느냐" 하고 안이하게 생각하고 단지 감기가 오래 가는 것으로 오인하기가 쉽습니다.

결핵에 대해서는 뒤에서 자세하게 설명하겠습니다만 어린이들이 결핵에 걸리면 대부분의 경우 아무런 증상도 나타나지 않을 수가 있습니다. 그러나 증상이 나타날 경우 발열과 기침, 식욕부진 등 감기와 유사한 증상을 보이므로 그 구별에 주의해야 합니다.

(8) 만성 기관지염

기관지염에는 급성 기관지염과 만성 기관지염이 있습니다. 여기서 얘기하는 만성 기관지염도 그 증상이 감기와 비슷해서 곧잘 감기로 혼동하게 됩니다.

급성이든 만성이든 일단 기관지염에 걸렸을 때 나타나는 주요 증상은 기침입니다. 더욱이 만성 기관지염일 경우 기침이 2~3주 이상 지속되기 때문에 엄마들이 생각하기에 '감기를 달고 사는' 것으로 보기가 쉽습니다.

(9) 기도 연화증

공기가 드나드는 통로인 '기도'가 선천적으로 약해서 쉽게 쪼그라들면 숨을 쉴 때마다 '그렁그렁' 하는 심한 소리가 납니다. 이러한 현상이 나타나는 병을 기도 연화증이라고 합니다. 이 기도 연화증은 아이가 두 돌이 지나면 저절로 좋아지기 때문에 그다지 염려하지 않아도 됩니다.

(10) 기도 기형

공기가 드나드는 통로인 기도가 선천적으로 잘못 생겨서 일어나는 병입니다.

(11) 기관지 확장증

기관지의 만성 염증 때문에 기관지가 늘어나서 생기는 병입니다. 기침을 많이 하고 누런 가래를 뱉으며 가슴에서 '그렁그렁'하는 소리가 나기도 합니다.

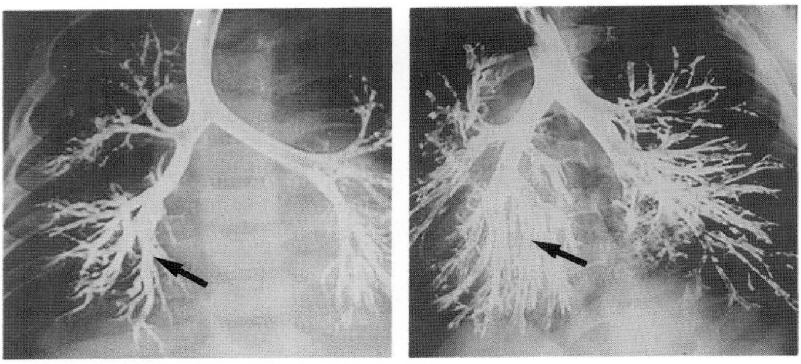

기관지 확장증

기관지 확장증은 호흡기 감염증 후에 발생하는 일이 많은데 기관지가 늘어나고 가래가 많이 생깁니다. 좌측 그림은 정상적인 기관지이고 우측 그림은 기관지가 늘어나 있는 모양을 보이고 있습니다(화살표 부분을 서로 비교해 보기 바랍니다).

(12) 면역기능 저하증

선천적 또는 후천적으로 신체의 저항력(방어력)이 떨어져서 생기는 병입니다. 병을 이길 수 있는 면역기능이 떨어지면 신체 중에서 외부와 접촉이 가장 빈번한 호흡기나 위장관 계통에 병이 제일 많이 생깁니다.

(13) 영양 부족증

오랜 병 때문에 영양이 부족해져서 생기는 병인데, 일단 영양 부족이 생기면 호흡기 질환만이 아니라 다른 여러 가지 병이 생기게 되고, 또 일단 생긴 병은 잘 낫지를 않습니다.

(14) 뇌손상

뇌성마비나 지능이 낮은 아이들은 호흡기 질환이 떠날 날이 없어 마치 감기를 달고 사는 것처럼 혼동할 수가 있습니다.

3 대증요법도 중요한 치료방법이다

호흡기 질환 중에는 근본적인 원인 치료가 불가능한 경우도 적지 않습니다. 이럴 때는 증상을 완화시키는 치료를 하게 되는데 이를 대증요법이라고 부릅니다. 또 원인치료를 받는 환자라 하더라도 대증요법을 같이 쓰는 경우가 많습니다. 실제로 가래가 잘 나오도록 하는 호흡물리요법 같은 것은 호흡기 질환의 치료에 매우 효과적입니다.

대증요법은 병을 원인적으로 치료할 수는 없지만 호흡기의 상태를 정상에 가깝도록 유지시켜 줌으로써 병의 자연적인 치유를 돕고, 아울러 합병증이 생기지 않도록 하는 데 매우 중요한 역할을 합니다.

4 적절한 '호흡기 관리'가 중요하다

호흡기 관리는 호흡기 질환 치료에 있어서 빼놓을 수 없는 사항입니다. 가정에서 호흡기 관리에 신경을 쓰면 이미 호흡기 질환에 걸린 아이라도 그 병의 치료와 합병증 예방에 효과를 거둘 수 있습니다.

'호흡기 관리'란 쉽게 말해서 병적으로 좁아진 기관지를 넓혀 주고 적절한 습도를 유지하여 가래가 쉽게 빠져나오도록 함으로써 '공기가 드나들기 쉽도록 하는 치료방법'을 말합니다. 호흡기 관리를 잘하면 공기가 드나드는 기도나 기관지의 상태가 정상 또는 정상에 가까운 상태가 됨으로써 병의 치료를 돕고, 완치가 불가능한 호흡기 질환의 합병증도 예방할 수가 있습니다.

호흡기 관리 방법에는 호흡이 곤란한 환자에게 산소를 공급하는 것, 기도에 습기를 공급하기 위해서 물을 마시게 하거나 정맥으로 수분을 주입하는 것, 가습기를 사용하여 실내의 습도를 높여주는 것, 기관지 확장제를 먹여 기도를 넓혀 주는 것, 거담제를 먹여 가래를 묽게 하는 것, 몸의 위치를 변화시키거나 등을 두드려 가래가 잘 나오도록 하는 호흡물리요법 등이 있습니다.

이 가운데는 병원에서만 할 수 있는 것도 있지만 가정에서 할 수 있는 것(가습기의 사용, 호흡물리요법 등)도 있으므로 이런 방법을 익혀두면 만성 호흡기 질환에 걸린 아이의 치료에 큰 도움을 받을 수가 있습니다.

5 호흡기 질환은 나이가 어릴수록 잘 낫지를 않는다

어린이의 호흡기 질환은 나이가 어리면 어릴수록 그 구조나 기능적으로 볼 때 '잘 낫지 않게끔' 되어 있습니다. 그러나 어린이가 성장하면서 호흡기의 구조와 기능이 발달하면 자연스럽게 증상이 가벼워지거나 쉽게 나을 수도 있습니다. 따라서 호흡기 증상이 있을 때 지나치게 많은 약물을 쓰는 일은 피하는 것이 좋습니다. 약을 너무 무리하게 많이 쓰면 병이 낫기보다는 오히려 약에 의한 부작용만 나타날 수도 있기 때문입니다.

때로는 아이의 병이 잘 낫지를 않기 때문에 어머니들이 마음이 조급하여 이 병원 저 병원으로 전전하는 것을 많이 볼 수 있습니다.

물론 이렇게 하는 엄마들의 심정은 십분 이해할 수가 있습니다만 아이를 데리고 이 병원 저 병원 다니는 사이에 아이의 병은 악화되고, 병원을 옮길 때마다 약은 점점 더 강한 것으로 바뀌게 됩니다. 즉, 약의 종류도 늘어나고 분량도 많아지는 것이지요. 결국 효과적인 치료를 받을 사이도 없이 병을 키우는 결과를 낳게 되는 것입니다.

또한 의사에게 아이의 상태나 치료 경과를 설명할 때 너무 과장해서 표현하는 것도 삼가해야 합니다. 아이의 증상이 별로 심하지도 않은데 심하다고 과장해서 말하는 경우 결국 필요 이상의 약을 쓰는 계기가 되는 것입니다.

따라서 흔히 보는 호흡기 질환이라도 나이가 어린 소아들은 잘 낫지 않게 되어 있다는 사실을 이해하고 꾸준히 치료하겠다는 인내심과, 조급함을 달랠 수 있는 지혜가 필요하다고 하겠습니다.

아이들이 정말로 감기에 걸린 것인지, 또는 감기와 비슷한 증상을 나타내는 다른 병에 걸린 것인지를 파악하는 것이 '감기를 달고 사는 아이들'을 치료하는 첫단계입니다.

3.
소아의 호흡기 질환이 잘 낫지 않는 이유는 무엇인가

앞에서 소아의 호흡기 질환은 치료를 하더라도 잘 낫지 않는다고 말한 바가 있습니다. 그 이유는 무엇일까요?

한마디로 말해서 소아의 호흡기는 아직 발달 과정에 있기 때문에 매우 미숙하며 생리적으로도 제기능을 발휘할 수가 없기 때문입니다. 그러면 그 자세한 내용을 알아보기로 하겠습니다.

그런데 다소 어려운 내용을 여기 소개하려는 데에는 그만한 이유가 있습니다. 소아의 호흡기 질환은 그 구조나 생리가 잘 낫지 않게 되어 있으므로 병이 쉽게 낫지를 않는다고 해서 너무 조급해 하거나 과다한 약물을 투여하는 일은 피하도록 해야 된다는 말을 하기 위해서입니다.

1 약을 써도 잘 낫지 않는 이유

약을 써도 호흡기 질환이 잘 낫지 않는 이유는 대략 다섯 가지로 나누어 볼 수가 있습니다.

(1) 어린이의 호흡기, 특히 기관지는 그 내경(기관지의 구멍을 말하는데 쉽게 생각해서 하나의 '파이프'를 연상하면 됩니다)이 어른보다 매우 작습니다. 그래서 이 구멍이 염증이나 가래 등으로 조금만 막혀도 어른에 비해 심한 증상이 나타나게 됩니다.

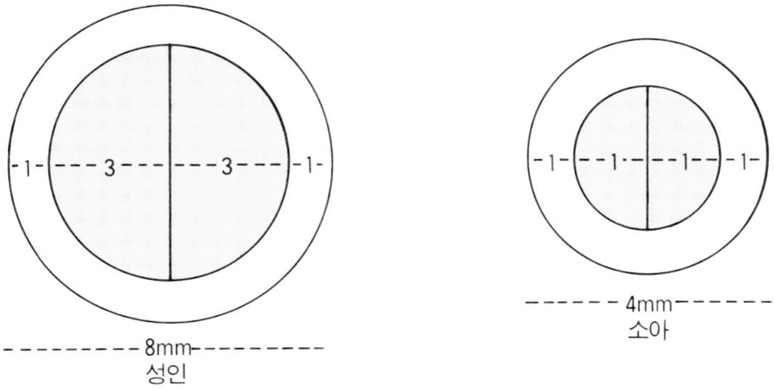

성인과 소아의 기관지 크기와 문제점

기관지의 직경이 8mm인 성인과 4mm인 소아에서 꼭같은 1mm의 기관지 염증이 발생할 경우에 성인에서는 나머지 직경이 6mm로 처음에 비해 25%만 감소되나 소아에서는 나머지 직경이 2mm로 처음에 비해 50%가 감소되므로 매우 불리하다.

예를 들어 오래된 파이프가 그 속이 부식되어 구멍이 막히는 경우를 생각해 보십시오. 큰 파이프, 다시 말해서 구멍이 큰 파이프는 속이 부식되어 '약간' 막히더라도 제 구실을 할 수가 있습니다. 그러나 워낙 가늘어 구멍이 작은 파이프는 속이 부식되거나 약간만 막혀도 제 기능을 발휘할 수가 없게 됩니다.

이처럼 본래 가늘게 생긴 기관지를 지닌 어린이에게 필연적으로 나타날 수밖에 없는 자연적인 현상을 약을 써서 억지로 바꾸려 한다면 이는 애초부터 무리라고 하겠습니다. 그래서 약의 종류나 분량을 아무리 늘려 보아도 그 효과에는 한계가 있기 때문에 증상이 계속되는 것입니다. 어른한테서 나타날 수 있는 것과 같은 약효를 어린이에게 기대하려면 아이들의 기관지가 더 커질 때까지 기다리는 수밖에 다른 도리가 없는 것입니다.

다시 말해서 어린이는 정해진 약의 분량만을 줘봐서 효과가 그 이상 더 나타나지 않으면 약을 더 이상 늘리지 않아야만 됩니다. 억지로 약의 가짓수나 분량을 늘린다면 약의 부작용밖에 기대할 것이 없습니다.

(2) 어린이의 폐포(허파꽈리) 표면적은 어른에 비해 매우 작습니다.

폐포는 산소를 몸 속으로 받아들이고 탄산가스를 몸 밖으로 내보내는 중요한 역할을 하는데, 그 면적이 작다는 것은 산소를 받아들이고 탄산가스를 내보내는 능력이 매우 약하다는 것을 의미합니다. 이와 같이 어린이는 가스교환 능력이 약하기 때문에 폐에 조금만 병이 들어도 심한 증상이 나타나는 것입니다. 이런 상태에서 약을 아무리 많이 주어도 본래 기능이 약한 호흡기에서 더 이상의 효과는 바랄 수가 없고 약에 의한 부작용만 나타나게 됩니다.

(3) 기관지에 붙어 있는 근육이 있는데, 이 근육은 기관지가 움직여서 호흡운동을 할 수 있도록 도와주는 일을 하고 있습니다. 그런데 어린이는 이러한 근육이 적고 기능도 미숙하여 호흡기 질환이 잘 낫지를 않는 것입니다.

그래서 기관지 천식처럼 기관지가 오무라들어서 생기는 병은 그 치료에 사용되는 기관지 확장제(오무라든 기관지를 풀어서 커지게 하는 약)를 써봐도 어른과 같은 큰 효과가 나타나지 않는 경우가 많습니다. 만약 기관지가 확장되지 않는다고 해서 여러 종류의 기관지 확장제를 대량으로 투여한다면 제 효과는 나타나지 않고 부작용만 가져오게 됩니다.

(4) 어린이의 기관지 속에는 가래를 만들어내는 조직(점액선)이 어른보다 더 많이 들어 있습니다. 이것은 기관지에 염증이 생겼을 때 어린이에서는 어른보다 더 많은 가래가 생긴다는 것을 의미합니다.

더욱이 어린이의 기관지는 구멍이 가늘기 때문에 가래가 잘 빠져 나갈 수가 없어서 증상이 심하게 나타나며, 약을 써봐도 큰 효과를 볼 수가 없습니다. 또 가래를 제거할 수 있는 많은 종류의 거담제가 있지만 그 효과가 인정된 것은 별로 없습니다. 따라서 이런 약들도 기관지가 가늘어서 가래가 잘 나오지를 않고 또 많은 가래를 만들어 내는 아이들에게는 아무리 많이 줘봐도 그 효과는 제한적일 수밖에 없습니다.

(5) 기관지에 붙어 있는 근육은 근섬유로 구성되어 있

습니다. 근섬유란 마치 '새끼줄'이 여러 가닥의 짚으로 되어 있는 것처럼 근육을 이루고 있는 작은 실 같은 구조를 말합니다. 이런 작은 섬유들이 마치 고무줄처럼 줄었다 늘었다 해야만 근육 운동이 일어나 호흡작용을 할 수가 있게 됩니다.

특히 이 근섬유는 피로를 이겨내도록 되어 있어서 호흡기 질환으로 숨이 차고 피로할 경우에도 어려운 호흡운동을 계속해 나갈 수 있도록 되어 있습니다. 그런데 어린이는 이런 근섬유가 적어서 호흡운동을 하는 데 쉽게 피로가 오며 특히 호흡기 질환이 있을 때는 피로가 심해져 호흡운동이 더욱 약해집니다. 그렇다고 이런 특수한 조직의 힘을 강하게 해주는 약이 있는 것은 아니므로 약을 많이 주었다고 해서 호흡 상태가 좋아지는 것은 아닙니다.

2 의사가 약을 쓰는 기본원칙

앞서 말한 것처럼 아이들의 호흡기 질환은 해부학적이나 생리학적으로 볼 때 잘 낫지 않게 되어 있으므로 경험이 많은 의사들일수록 약물 치료에만 의존하고 있지는 않습니다.

실제로 항생제와 몇몇 약들을 제외하고는 대부분의 약들은 병을 직접 치료하기보다는 몸의 자연 치유능력을 도와줄 수 있을 뿐입니다.

그래서 소아과 의사는 약을 꼭 필요한 것만 적절히 쓰는 것을 원칙으로 하고 있으며, 특히 호흡기 질환처럼 약이 잘 듣지 않는 병일 때에는 이 원칙을 더욱 중요시하고 있는 것입니다.

비록 병이 빨리 낫지 않는다고 하더라도 불필요한 약은 되도록 억제하고 가능하면 적은 양의 약을 쓰는 의사가 훌륭한 의사라는 사실을 알아두어야 하겠습니다.

♧ 소아과 진료를 잘 받으려면?

1. 진찰을 받으러 갈 때는 아이의 증상에 대하여 간단한 메모를 하여 가지고 가는 것이 좋습니다.
2. 진찰 받기 쉬운 옷차림을 하도록 합니다. 아래 위가 붙은 옷은 벗기기 번거롭고 세심한 진찰을 받기 어렵습니다.
3. 갓난아기는 한 번 정도 먹일 우유와 여분의 기저귀 등을 갖고 가도록 합니다.
4. 진찰 받기 직전에는 우유나 과자 등을 먹이지 않도록 합니다. 입안을 진찰할 때 반사 작용으로 토하거나 질식할 수 있기 때문입니다.
5. 의사 선생님의 주의사항이나 투약 요령 등을 메모하는 습관을 갖도록 합니다.

제 2 부

소아 호흡기 질환에 대한 상식

1.
소아 호흡기의 특징

1 태아 호흡기의 발달

사람의 호흡기는 임신 1개월쯤부터 발달하기 시작하여 4개월이 되면 말단 세기관지까지 형성되고, 임신 7개월이 되면 거의 완전한 기도의 모양을 갖추게 됩니다. 이때부터 폐포(허파꽈리)가 형성되기 시작하여 임신 9개월 이후에는 거의 완전한 호흡기의 모습으로 발달하게 됩니다.

태아는 뱃속에서 태반을 통해 산소를 공급받다가 출생 후부터는 폐로 호흡을 하게 됩니다. 이렇게 폐로 호흡하기 위해서는 폐포가 잘 펴지도록 도와주는 물질인 계면활성물질이 필요하게 되는데 이는 임신 말기에 생산됩니다. 따라서 미숙아는 이 물질의 생산량이 적어서 폐포가 잘 펴지지 않아 '호흡부전증'에 빠질 위험성이 높습니다.

원래 태아는 출생 수개월 전부터 태반 내에서 호흡운

동과 비슷한 동작을 취하는데, 이런 동작을 통해서 호흡에 관여하는 근육이나 폐가 발달하게 됩니다. 아이가 출생과 함께 호흡을 시작하게 되면 폐 순환계의 압력이 떨어지면서 폐의 혈액순환이 증가하게 되고, 태아 때의 혈액순환과는 다른 전신 혈액순환의 체계를 갖추게 됩니다.

출생 후에는 수개월에 걸쳐 폐가 계속 발달하는데, 주로 공기와 혈액이 만나는 표면적을 넓히는 방향으로 성장하는 것입니다. 즉, 폐포의 수와 폐 모세혈관이 증가하는 것이지요. 이같은 폐의 성장은 차차 그 속도가 느려지지만 다섯 살 내지 여덟 살이 될 때까지 계속됩니다.

여기서 우리는 한 가지 사실을 알 수가 있습니다. 즉, 출생 후 폐가 발달한다는 것은 폐포의 수와 크기가 늘어나며 기도의 내경(지름)과 길이가 늘어나게 되고, 혈관의 수가 점차 증가하게 된다는 것입니다.

쉽게 말씀드리면, 기관지와 폐포를 포도나무 가지와 송이에 비유할 수 있습니다. 엄마의 자궁 속에서 포도나무의 가지와 작은 포도송이가 만들어지고, 태어나 성장하면서는 가지가 굵어지고 포도송이의 수도 점점 더 많아지고 그 크기도 커진다는 의미입니다.

그래서 출생 시에는 약 5천만 개의 폐포가 있다가 성인이 되면, 3억 개 정도로 늘어나게 되며 기도의 내경 역시 커집니다.

2 호흡기의 구조와 특징

'호흡기도' 또는 '기도'란 코에서 시작하여 인두, 후두, 기관, 기관지 그리고 세기관지를 거쳐 폐포에 이르는 공기가 통과하는 길을 말합니다.

그러면 호흡기는 어떤 구조로 되어 있고 어떤 기능을 가지고 있는지에 대하여 알아보겠습니다.

이 책에는 인두염, 후두염, 편도선염 등 의학적인 병명이 많이 나오고 있습니다. 이런 질환들을 이해하려면 인두나 편도선이 어디에 있는지부터 아는 것이 중요합니다. 따라서 다음에 설명할 호흡기의 구조를 제대로 이해하시려면 다음에 나와 있는 그림(49페이지)을 보시면서 책을 읽어 주시기 바랍니다.

먼저 코(비강)는 코끝에서 목젖이 있는 곳까지의 약 10센티미터 정도를 말합니다. 코는 에어컨디셔너와 같은 기능을 합니다. 들이마시는 공기의 온도와 습도를 우리 몸에 맞도록 조절하고 공기에 섞여 있는 이물질을 걸러주는 역할을 합니다. 그러므로 코가 막혀서 입으로 숨을 쉴 때에는 외부의 공기가 아무런 여과 없이 목으로 들어오기 때문에 목이 칼칼해지고 감기 등 호흡기 질환에 걸리기가 쉽습니다. 또한 코는 기관지에 비해 알레르기 항원에 노출될 기회가 많으므로 집먼지 진드기나 꽃가루 등에 의한 알레르기성 비염을 일으키기 쉬우며, 그래서 기관지 천식에 비해 알레르기성 비염이 많은 것도 이런 이유 때문입니다.

코에 이어서 비인두 부위가 있고 이것은 인두로 이어집니다. 또 입과 인두가 연결되는 부위에 편도선과 아데노이드가 있는데, 이들은 호흡기가 병균에 감염되는 것을 막아 주는 역할을 합니다.

인두 다음에는 성대가 있는 후두가 있습니다. 이 부위는 상대적으로 좁은 부위여서 염증이 생기면 쉽게 좁아져 심한 '기도 폐쇄'를 일으켜 호흡 곤란이 나타나기 쉽습니다. 또 여기는 성대가 있는 부위이므로 목소리가 쉬는 경우가 많습니다.

이어서 기관이 있는데, 이곳은 연골로 둘러싸여 있어서 비교적 기도의 내경이 잘 유지되는 곳입니다. 이 기관에서 좌우 양측의 기관지로 이어집니다. 이 기관지는 계속 가지를 치면서 더욱 가늘어져 세기관지로 연결되기까지 약 20여 회 정도 가지를 치게 되며 마지막으로 폐포(허파꽈리)에 도달하게 됩니다.

모든 기도는 상피세포로 덮여 있으며, 점액선이 있어 점액(가래)을 분비합니다. 상피세포는 병균의 침입을 막는 '방어벽'의 역할을 하며 면역글로불린 등을 생산하여 호흡기 질환을 예방하는 기능을 가지고 있습니다. 그리고 상피세포 위로는 점액층이 덮여 있고 점액층에는 아주 가느다란 털(섬모)들이 나 있는데 이들은 물결치듯이 움직여서(섬모운동) 들이마신 공기 속에 들어 있는 여러 오물들을 제거하는 역할을 하고 있습니다.

이와 같이 섬모운동은 마치 빗자루처럼 기도 내의 해로운 물질이나 가래를 비질해서 밖으로 내보내는 역할을 하며, 이것으로 배출이 되지 않을 때에는 기침이 이런 역할을 촉진시키고 대신하기도 합니다. 그러므로 섬모운동에 장애가 있을 때에는 가래가 고이고 호흡기 질환이 잘 낫지 않으며 합병증이 발생하게 됩니다.

예방할 수도 있습니다.

감기 등을 자주 앓아 편도선이나 아데노이드가 면역기능이라는 일을 많이 하다 보면 자연히 커지게 됩니다. 그러나 5~6세가 지나면 전신적인 면역기능이 성숙해지고 호흡기 감염이 줄어들게 되므로 아데노이드의 필요성도 감소되어 편도선이나 아데노이드는 그 크기가 줄어듭니다. 엄마들은 편도선이 크기 때문에 감기에 자주 걸린다고 생각하는 분들이 많은데, 실제로는 이와 반대입니다. 즉 어린이가 감기에 자주 걸리기 때문에 이것을 빨리 낫게 하고 후유증을 예방하기 위하여 편도선이나 아데노이드가 일을 많이 하여 커지는 것입니다. 그러므로 간혹 편도선이나 아데노이드가 매우 커져서 기도를 막는 경우(대단히 드물지만)를 제외하고는 편도선 제거 수술은 필요가 없으며 꼭 필요한 경우에 한해서 5~6세 이

후에 수술을 받는 것이 바람직합니다.

다음은 점액과 섬모운동이 정상적으로 작용하지 못하는 경우를 알아 보도록 하지요. 위에서 보았듯이 점액과 섬모운동은 고유한 호흡기 방어 기능을 갖고 있는데, 선천적으로 섬모 구조에 이상이 있다거나 감염에 의해 섬모의 기능이 떨어진다거나 점액 성분의 변화가 있을 경우 장애를 가져와 호흡기 질환에 많이 걸립니다.

그러나 점액과 섬모운동만으로는 바이러스나 세균을 막아내기에는 역부족입니다. 따라서 이런 병균을 직접 죽이는 물질이나 잡아먹는 백혈구의 능력을 높여 주는 면역 반응이 필요한데, 폐포나 폐조직에 있는 '대식세포'가 이러한 역할을 합니다. 아울러 기도 내 분비물 중에는 면역글로불린이라는 물질이 있어서 바이러스나 세균에서 분비된 독소를 중화하고 세균을 용해하는 기능을 하여 몸을 보호합니다.

빈번한 호흡기 감염을 예방해 주는 면역계가 편도선이나 아데노이드와 같은 림프절, 따라서 편도선 제거 수술은 꼭 필요한 경우에 한해서 5~6세 이후에 하는 것이 바람직합니다.

3. 어린이는 왜 호흡기 질환에 잘 걸리나

1 나이가 어릴수록 호흡기 질환에 잘 걸리는 이유

어린이에게 '가장 많이 발생하는 질환들의 통계를 보면 호흡기 질환은 소아기의 질환 중 약 40%를 차지하며, 우발적인 사고 다음으로 흔한 사망 원인이라고 알려져 있습니다. 실제로 아이를 키우다 보면 어린이가 어른들보다 더 자주 호흡기 질환에 걸린다는 사실을 알 수 있습니다. 또한 증상도 어린이가 더 심하게 나타납니다.

이렇듯 어린이가 호흡기 질환에 잘 걸리는 것을 단순히 '애가 어리니까 그렇겠지'라고 넘겨버리기보다는 왜 그런지 그 이유를 알아두는 것이 아이의 건강관리에 도움이 될 것입니다. 그럼, 어린이들은 왜 호흡기 질환에 잘 걸리고 심한지 그 이유를 알아보겠습니다.

첫번째로, 아이들은 매일 새로운 환경을 접하며 자라고 있습니다. 그래서 어린아이는 호흡기 질환을 일으키는 여러 가지 원인균들(예를 들어 바이러스나 세균들)을 처음으로 접하기 때문에 이것을 이겨낼 수 있는 힘(면역력)이 없어서 병에 약한 것입니다. 어느 정도 큰 아이라든가 어른들의 경우는 이미 원인균을 접한 경험이 있고 이것을 이겨낼 수 있는 면역력이 생겨 있기 때문에 병에 걸리지 않거나 그다지 심하게 앓지 않고 지나치기도 합니다만, 어린아이들은 그렇지 못하기 때문에 쉽게 걸리고 증상도 심하게 나타납니다.

또다른 이유로 어린이는 계속 자라나는 성장단계에 있어 아직 면역학적으로도 미숙하기 때문입니다. 따라서 어린이는 인터페론과 같이 바이러스 감염에 중요한 방어 역할을 하는 면역물질의 생성이 적어 호흡기 질환에 걸리기 쉽습니다.

마지막으로 아직 어린아이의 호흡기는 구조적으로도 완전히 성장하지 못한 상태이기 때문에 호흡기 질환에 걸리면 심한 증상이 나타납니다.

2 나이에 따라 질병의 종류도 달라진다

어린이는 나이가 어릴수록 호흡기 질환에 더 자주 걸릴 뿐만 아니라 나이에 따라 호흡기 질환의 종류에도 차이가 납니다.

예를 들면, 두 살 미만의 어린이에게는 '세기관지염'이 많이 발생합니다. 목이 쉬고 호흡 곤란이 오며 마치 개가 짖는 것처럼 컹컹 소리를 내는 '후두염'은 주로 두 살에서 일곱 살 사이의 어린아이들에게 많이 나타납니다.

또 학교에 다니는 시기의 어린이는 '마이코플라스마 폐렴'에 자주 걸립니다.

이렇게 나이에 따라 잘 걸리는 호흡기 질환의 종류에 차이가 나는 것은 호흡기의 구조와 방어기능의 발달과 관계가 있으며, 나이에 따라서 호흡기 질환을 일으키는 원인균에 접촉되는 빈도가 다른 것도 또 다른 원인입니다.

그외에도 아이의 성별이나 집안의 생활환경, 예방접종 여부, 그리고 밖에서 병을 옮아올 수 있는 형이나 언니가 있는지, 이전에 호흡기 질환을 앓은 적이 있는지 등등에 따라서도 차이가 납니다.

3 나이가 어리면 중이염이나 편도선염도 잘 생긴다

어린아기가 중이염에 잘 걸리는 것도 중이의 해부학적 구조가 미숙하기 때문입니다. 중이는 유스타키오관(이관)이라는 도관에 의해서 상부기도와 연결이 되어 있는데 이 유스타키오관이 어렸을 때에는 그 길이가 짧고, 구멍이 넓으며, 곧게 뻗어 있기 때문에 코나 목에 있는 균이 쉽게 중이까지 도달하여 병을 일으키기가 쉽게 됩니다.

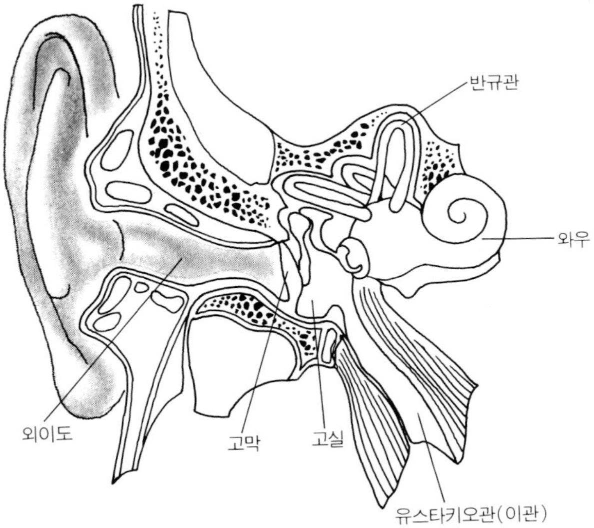

소아가 편도선염에 잘 걸리는 것도 소아에서는 편도선이 신체방어에 중요한 역할을 하며 그 크기가 매우 크고 능동적인 생리작용을 하고 있기 때문입니다. 따라서 나이가 들어서 편도선이 작아지면 자연히 편도선염이 생길 가능성도 줄어듭니다.

4.
호흡기 질환의 주요 증상과 치료법

1 기 침

소아과를 찾는 어린이 중 약 반수 가량의 어린이가 호흡기 질환을 앓고 있습니다. 그리고 이들 대부분의 주증상은 만성적인 기침과 가래로 나타납니다.

우선 기침에 대해 알아보기 전에 한 가지 짚어볼 문제가 있습니다. 그것은 우리가 호흡기 질환을 앓고 있는 아이를 단지 감기가 심한 것으로만 생각해 왔듯이 기침을 감기 때 나타나는 해로운 증상으로만 알고 있다는 점입니다.

어떤 의학자는 기침을 가리켜 "질병으로부터 호흡기를 보호해 주는 경비견"이라고 비유적으로 말한 일이 있습니다. 기침은 호흡기가 병균에 의해 감염되는 것을 예고해 주거나 감염된 사실을 알려 주는 신호라는 뜻입니다.

실제로 일상생활에서 아이가 기침을 할 때마다 엄마들은 흔히 이 '경비견을 잠재우는 것'(기침약부터 쓰는 일)에만 신경을 썼을 뿐이지 정작 기침이 어떤 '경고'를 하고 있는가에 대해서는 전혀 관심을 갖지 않았던 것입니다. 다시 말해서 엄마 스스로가 아이의 호흡기로 침입해 오는 '도둑(호흡기 질환)'이 좀 더 쉽게 들어오도록 '경비견(기침)'을 잠재워 놓는 실수를 해왔다고 해도 과언이 아닙니다.

따라서 우리가 알고 있는 것처럼 기침 그 자체는 '질병'이 아니며, 다양한 호흡기 질환이 있을 때 나타나는 하나의 증상으로 보는 게 옳습니다. 또 기침은 어떤 병의 증상으로만 나타나는 게 아니라 외부의 자극에 의해서도 할 수가 있습니다.

이러한 점들을 염두에 두고 기침에 대해 살펴보도록 하겠습니다.

기침은 가벼운 자극성 기침으로부터 매우 심한 기침에 이르기까지 그 형태가 다양합니다. 그렇지만 대부분의 기침은 일시적으로 나타나며, 치료를 하지 않아도 스스로 낫는 성질을 가지고 있습니다. 따라서 기침이 심하지 않고 아이가 그다지 고통스럽게 느끼지 않으면 기침 자체를 치료하는 데 힘쓰기보다는 기침이 일어나는 원인을 찾아내어 그것을 치료하는 게 바람직합니다.

기침의 원인을 찾아내는 데는 많은 검사방법이 있지만 기침의 형태나 기간 등에 따라서 원인을 추측해 볼 수가 있습니다.

한 살부터 세 살까지의 어린이가 갑자기 발작적으로 기침을 하면 맨 먼저 기도에 이물질이 들어간 경우를 생각해 볼 수 있습니다. 또 쌕쌕거리는 숨소리를 내면서 만성적으로 기침을 할 때는 기관지 천식, 얼굴이 붉어질 정도로 한 번에 6~10회씩 계속 기침을 하고 토할 때는 백일해, 낮에는 기침을 하다가 잠이 들면 기침을 하지 않을 때는 심인성 기침(정신적인 원인에 의해서 나타나는 기침)과 습관성 기침일 가능성이 높습니다.

그리고 목이 쉬고 개가 짖는 것처럼 컹컹 소리가 나는 기침을 하는 경우에는 후두염, 주로 밤이나 새벽에 기침이 심할 때는 기관지 천식 또는 부비동염(축농증), 아침에 심할 경우는 기관지 천식 또는 만성 기관지염을 의심해 볼 수 있습니다.

어린이는 보통 1년에 6~8회 정도 감기를 앓는다고 했는데, 감기에 걸렸을 경우 기침이 나타날 수도 있습니다. 그러나 기침이 2~3주에 걸쳐서 계속되면 만성 기침으로 보아야 하며, 만성이 되면 그 원인이 감기가 아닐 가능성이 크므로 원인을 밝혀서 치료를 받아야 합니다.

두 살 이하의 어린아이들에게 나타나는 만성 기침은 기관지나 기도 주위 혈관의 선천적인 기형, 세기관지염, 백일해 때문인 경우가 많고, 여섯 살 이하의 어린이는 기도에 이물질이 들어갔거나 세균에 의한 호흡기 감염, 기관지 천식이 원인입니다. 일곱 살 이상의 어린이는 대개 기관지 천식이나 부비동염, 대기 오염, 심리적 요인 등이 만성 기침의 주요 원인입니다.

이와 같이 만성 기침은 나이에 따라서 원인을 구분할 수 있지만 전체적으로 보면 기관지 천식이 가장 흔한 원인 질환입니다. 두 살 이하의 어린아이에게도 기관지 천식이 적지 않으므로 쌕쌕거리는 숨소리와 함께 기침이 자주 재발되면 일단 기관지 천식이 아닌가 생각해 보아야 합니다.

그리고 기관지 천식이 있는 아이들의 50~70% 정도는 부비동염을 같이 앓는 경우가 많습니다. 만성 부비동염에 걸리면 누런 콧물이 목뒤로 넘어가 기관지를 자극하게 되어 특히 밤중과 아침에 심한 기침을 하게 됩니다.

2 가래(객담)

가래 역시 어린이 호흡기 질환에서 빼놓을 수 없는 주요 증상 중의 하나입니다. 그러다보니 기침 못지않게 가래 때문에 많은 엄마들이 걱정을 하고 있습니다. 더욱이 어린아이(여섯 살 이하)는 가래를 뱉어낼 수 있는 능력이 모자라기 때문에 더욱 문제가 되기도 합니다. 가래는 기침을 하는 것보다 덜 고통스럽기는 하지만 역시 아이들에게 많이 나타나는 증상이고 여러 가지 질환을 예고하는 것이므로 이에 대한 올바른 지식이 필요합니다.

가래란 기관지 점막 표면에 있는 세포나 점막 아래에 있는 점액선에서 분비되는 점액과 타액(침)의 혼합물을 말합니다. 가래는 이 점액이 대부분을 차지합니다. 점액은 '리소자임' 등의 효소와 '면역글로불린'을 함유하고 있어 여러 질병으로부터 호흡기를 보호해 주는 기능을 가지고 있기도 합니다.

가래는 반드시 환자에게만 있는 것은 아닙니다. 건강한 사람도 하루에 10~20cc 정도의 점액을 생산, 분비하고 있는데, 무의식중에 삼킨다든지 호흡할 때 증발시켜 버리기 때문에 가래의 형태로 나오는 경우가 없을 뿐입니다. 다만 질병이 발생하여 점액 분비가 많아지면 가래가 나오고, 때로는 가래가 기관지벽에 붙어 기도 폐쇄(기관지를 막는 현상)를 일으키는 것입니다.

가래를 뱉기 위하여는 섬모운동과 호흡운동, 그리고 기침의 세 가지 요소가 필요합니다. 특히 기관지 표면에 있는 섬모는 1분당 1,000회 정도로 빠르게 움직여 가래를 밖으로 내보냅니다. 그런데 섬모에 이상이 생기면 가래와 기타 독성물질을 밖으로 내보내지 못해서 호흡기 질환이 오랫동안 지속된다거나 병이 재발하게 됩니다.

가래를 정상적으로 내보내지 못하는 원인에는 섬모의 구조에 이상이 있는 것말고도 탈수, 대기 오염, 담배연기, 호흡기 감염 등에 의해 섬모운동이 지장을 받았을 경우가 있습니다. 또 수면중에는 섬모운동이 약해지기

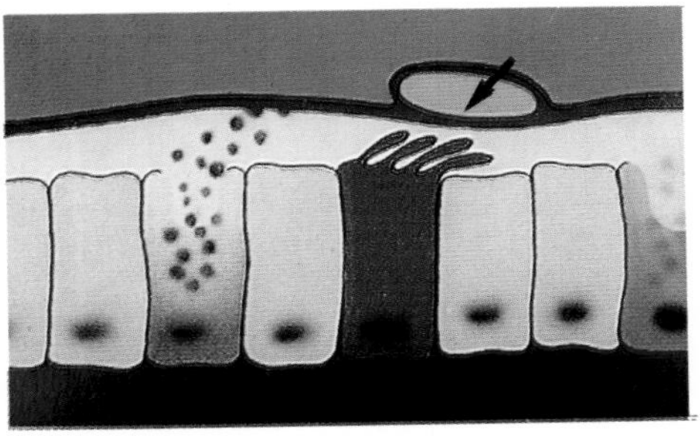

기관지 점막에서 가래를 배출하는 모습

기관지 점막에는 작은 섬모들이 많이 나 있는데 이들의 운동(섬모운동)에 의해 가래(화살표)가 배출된다.

기관지 확장증 환자가 배출한 가래

기관지 확장증은 특히 많은 가래가 나오기로 유명한 병이다. 이 사진은 한 기관지 확장증 환자가 하루에 뱉어낸 가래인데 일반 호흡기병 환자는 이처럼 많은 가래를 배출하지는 않지만 정상인보다는 많이 생산하기 때문에 잘 배출할 수 있도록 하는 치료가 필요하다.

때문에 기관지에 가래가 고여 있게 되며, 이것을 밖으로 내보내기 위해서 아침에 깨어나면 기침을 하는 경우가 많습니다. 따라서 아침에 일어났을 때만 기침을 몇 번 하는 아이는 특별한 호흡기 질환에 걸렸다고 볼 필요는 없습니다.

가래를 뱉었을 때 비교적 투명한 색(점액성 가래)이면 단순 기관지염, 기관지 천식, 부비동염(축농증)일 때가 많고, 투명도가 떨어지고 황색 또는 녹색을 띠면(화농성 가래) 폐렴, 폐농양, 기관지 확장증 등을 의심해 보아야 합니다.

3 객혈(혈담)

가래에 대해 알아보았습니다만 간혹 가래에 피가 섞여서 나오는 경우가 있습니다. 이것을 객혈이라고 하는데, 객혈은 피가 섞인 음식물을 토하는 '토혈'과는 구별해야 합니다.

객혈은 기침 등 호흡기 증상과 함께 나타나며 목이 간질간질한 느낌이 들면서 수차례에 걸쳐 반복적으로 배출되는 것이 특징이고, 토혈은 배가 아프면서 구토와 함께 나오는 경우가 많습니다. 그리고 객혈은 일반적으로 거품이 많이 섞여 있고 빛깔이 더 선홍색이며 알칼리성을 띠고 있습니다.

그러면 어떤 어린이가 객혈을 하는지 알아보겠습니다.

우리는 흔히 객혈이라고 하면 '결핵'을 먼저 떠올리게 됩니다. 옛날 결핵이 심한 어른을 연상하기 때문입니다. 그러나 객혈은 어린이에게 드문 증상으로서 소아 결핵일 경우에도 객혈하는 일은 거의 없습니다. 간혹 큰 아이가 성인형 결핵으로 되어 객혈을 할 수도 있으나 이런 일은 흔하지 않습니다.

다만 어린아이가 코피를 흘릴 때 이것이 목 뒤로 넘어가 가래와 함께 섞여 나와 객혈로 오해하는 수가 종종 있습니다.

백일해를 앓는 아이나 기도에 이물질이 들어갔을 경우에 갑자기 발작적으로 심한 기침을 하면서 객혈을 하는 일이 있으며, 늑골 골절(갈비뼈가 부러지는 것), 기관지의 폴립(혹), 혈관종(혈관으로 이루어진 혹), 폐농양(폐가 곪는 병), 악성 종양(암) 등이 있을 때에도 드물게 객혈이 나옵니다. 또한 만성적으로 기침을 하면서 누런 가래가 많이 나오고 객혈이 있는 아이는 기관지 확장증을 의심해 봐야 되며, 팔 다리가 붓고 심장에서 잡음이 들리면 심부전에 의한 객혈일 가능성이 높습니다.

심한 기침을 한 후 가래에 실핏줄 모양의 혈액이 한두 차례 묻어 나오는 것은 급성 또는 만성 기관지염에 의한 경우가 많으므로 큰 병이나 아닌가 하고 걱정하실 필요는 없습니다. 그러나 혈액만 2~3cc 정도 반복해서 나올 때에는 심각한 질환일 수도 있으므로 이때는 소아과 전문의에게 정확한 진찰을 받아야만 합니다.

이밖에 어린이가 다량의 객혈을 할 수 있는 질환에는 백혈병, 재생불량성 빈혈, 혈소판 감소증 등의 전신성 '혈액질환'이 있습니다. 이때는 객혈 외에도 전신에 멍과 붉은 반점 등이 많이 나타나거나 간과 비장이 커지면서 빈혈이 흔히 나타납니다.

4 호흡 곤란

호흡 곤란에 대한 엄마들의 생각은 흔히 소아과 의사들의 생각과는 반대일 경우가 많습니다. 아기가 숨을 잘 쉬지 못한다고 하여 진찰을 해보면 호흡 곤란이라고 할 정도는 아닌 경우가 많고, 반대로 엄마는 심각하게 생각지 않고 진찰을 받으러 왔는데 호흡 곤란이 심해서 응급처치를 해야 할 경우도 많기 때문입니다. 이런 차이는 엄마들이 호흡 곤란에 대해 정확하게 이해하고 있지 못해서 생기는 것입니다.

그러면 호흡 곤란이란 무엇이며, 그 의미는 어떤 것인가?

나이가 어릴수록 호흡수는 빨라서 어른은 1분에 12회에서 18회 정도인데 반해 한 살 정도의 어린이는 1분에 30회 정도 숨을 들이마시고 내쉽니다. 그런데 어떤 병을 앓게 되면 이와 같은 정상적인 호흡 상태가 변하게 됩니다. 그래서 아이의 호흡수가 빨라져 숨을 가쁘게 몰아쉬고 콧구멍을 벌렁거리며 가슴을 들썩거린다거나 숨쉴 때 가슴의 아래 부분 또는 어깨 부분이 들썩거리면서 호흡하는 상태(숨을 쉴 때마다 가슴벽이 쏙쏙 빨려들어가는 것 : 이것을 흉부 함몰이라고 부릅니다)로 됩니다. 호흡 곤란이란 바로 이러한 상태를 말하며 호흡기 질환이 아

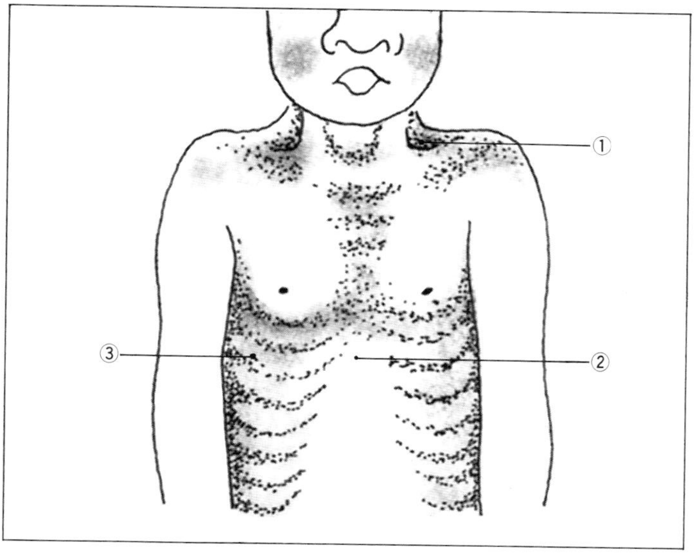

호흡곤란 시에 나타나는 흉부 함몰

①어깨 부위, ②늑골 하부, ③늑골 사이가 숨을 들이마실 때 쑥쑥 들어간다.

주 심각한 것을 의미합니다.

이런 상태는 호흡을 통한 산소 공급이 제대로 이루어지지 못하기 때문에 일어나며 시간이 지날수록 아이의 입술이 파래지면서 축 늘어지게 됩니다. 또 자신의 의사 표현을 할 수 없는 갓난아기의 경우는 심하게 보채기도 합니다. 이런 상태를 '저산소증'이라고 하는데, 이와 같은 호흡 곤란이 오래 지속되면 뇌와 심장 등으로 공급되는 산소가 부족하여 이런 장기들이 손상을 입게 됩니다.

그러면 호흡 곤란은 왜 일어나는 것일까요?

그 원인 가운데 하나는 공기가 드나드는 통로인 기도가 좁아져서 생기는 것입니다. 즉, 세기관지염, 기관지천식, 후두염(크룹), 폐렴 등 호흡기 질환에 의해 기도에 염증이 생기거나 기도 이물 등에 의하여 기도가 좁아지기 때문입니다. 또 호흡기 질환이 아닌 다른 원인으로는 뇌손상 같은 질병이 있습니다. 뇌는 폐가 호흡을 잘 하도록 명령을 내려야 하는데 뇌가 손상되어 이런 명령이 제대로 전달되지 않으면 호흡곤란이 초래되는 것입니다. 이때는 오히려 호흡수가 떨어집니다.

호흡 곤란은 왜 나이가 어린 아이들에게 더 많이, 그리고 심하게 일어날까요?

나이가 어릴수록 기도의 내경이 작기 때문에 같은 염증이 생기더라도 기도를 통과하는 공기의 양이 훨씬 줄어들므로 호흡 곤란이 더 잘 일어나는 것입니다.

그럼, 아이에게 호흡 곤란이 왔을 때 가정에서는 어떻게 해야 할까요?

창문을 열어 환기를 시키고, 아이를 편안한 자세로 눕힌 뒤 허리띠를 풀어 주거나 윗옷을 느슨하게 해줘서 숨을 잘 쉴 수 있도록 해주고 곧 병원 응급실로 가서 처치를 받아야 합니다. 이럴 경우 가장 중요한 것은 저산소증에 빠지지 않도록 산소를 충분히 공급해 주는 일입니다. 그리고 필요할 경우에는 구강대구강법으로 인공호흡을 해야 하는데, 인공호흡을 하는 방법은 제3부 11장의 응급처치법(185페이지)을 참고하시기 바랍니다.

그러나 호흡 곤란이 있을 때는 위급한 상황이므로 집에서 머뭇거리지 말고 곧 병원으로 가는 게 무엇보다도 중요합니다. 호흡 곤란이 심해지면 가정에서 할 수 있는 방법이 별로 없기 때문이지요. 그러므로 아이에게 호흡 곤란의 징후가 보이기 시작하면 신속하게 병원 응급실로 옮겨 인공호흡이나 기계환기 등을 통해 호흡을 유지시켜 주어야 위험을 막을 수가 있습니다.

5 청색증

청색증 하면 가끔 텔레비전에서 "선천성 심장판막증으로 입술이 파랗게 되는 청색증 어린이의 생명을 구합시다"라는 뉴스나 캠페인을 들었던 기억을 떠올릴 수 있을 것입니다.

엄밀한 의미에서 이런 경우의 심장판막증은 '활롯 증후군' 등의 심장 기형을 말하는 것이나 막연하게 심장판막증으로만 보도하고 있는 것입니다. 그러나 이같은 보도를 들은 적이 있기 때문에 대부분의 엄마들은 청색증이라고 하면 심장병부터 떠올리게 됩니다.

청색증은 심장병에서만 나타나는 것이 아니라 다른 질

환, 특히 호흡기 질환이 심하여 호흡곤란이 있을 때에도 나타납니다. 평소 건강하던 어린이라 하더라도 호흡기 질환으로 인해서 갑자기 청색증이 나타날 수 있습니다.

그러면 청색증은 과연 무엇을 말하는 것일까요? 우리는 흔히 입술이 파랗게 되는 것을 청색증으로 보고 있지만 이것은 겉으로 드러나는 현상일 뿐 실제로 청색증이란 몸 속에 산소가 부족한 상태를 의미하며, 눈으로 쉽게 확인할 수 있는 곳이 입술이기 때문에 입술이 파래지는 것을 청색증인 것처럼 말하고 있는 것입니다.

우리 몸의 혈액 속에는 일정량 이상의 산소가 녹아 있어야 합니다. 이 산소를 공급하는 게 바로 호흡입니다. 호흡을 통해 들어온 산소가 혈액 속으로 녹아 들어가서 적혈구에 있는 '헤모글로빈'과 결합하면 심장이 펌프질을 하여 혈액을 온몸으로 보내서 산소를 필요로 하는 곳에 공급하는 것이지요. 그런데 산소를 공급하는 호흡기에 문제가 있거나 산소를 온몸에 보내는 심장에 문제가 있으면 산소가 각 기관에 충분히 공급되지 않아서 '저산소증'이 발생하고 입술이 파랗게 됩니다.

저산소증 상태가 되면 입술만이 아니라 손톱의 색깔도 검푸르게 변합니다. 또 청색증이 오랜 기간 지속되면 손가락 끝이 곤봉(또는 북채)처럼 뭉툭하게 변하기도 합니다.

그러면 청색증을 일으키는 산소 부족은 어떻게 해서 나타나는 것일까요? 먼저, 우리 몸의 혈액 속에 산소가 들어가는 과정부터 살펴보기로 하겠습니다.

사람이 숨을 들이마시면 산소가 많이 들어 있는 공기가 기도를 거쳐서 기관지 속 깊이 자리잡고 있는 폐포까

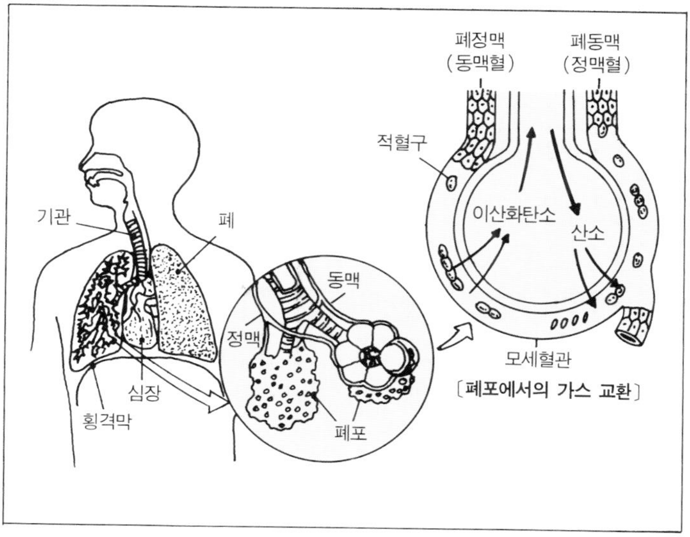

사람의 호흡기 및 폐포에서의 가스 교환

호흡시에 산소와 탄산가스가 교환되는 과정으로, 세기관지 끝에 달려 있는 폐포에서 산소가 정맥혈 속으로 녹아 들어가고 탄산가스가 밖으로 배출되면 정맥혈이 동맥혈로 변화되어 전신을 돌아 다니며 산소를 필요로 하는 조직에 산소를 공급해 주게 된다.

지 이르게 됩니다. 이곳을 통해서 산소는 몸 속으로 들어가고 탄산가스는 몸 밖으로 나오게 됩니다. 즉, 정맥혈(탄산가스가 많은 피) 속에 있던 노폐물인 탄산가스가 빠져 나오는 대신 산소가 핏속으로 녹아 들어가는 것입니다. 이렇게 되면 파랗던 정맥혈이 빨간 동맥혈(산소가 많은 피)로 바뀌어 우리 몸 속을 한 바퀴 돌면서 신체 각 조직에 산소를 공급하는 것입니다. 그리고 산소와 교체된 탄산가스는 숨을 내쉴 때 몸 밖으로 배출됨으로써 우리 몸의 신진대사가 원활하게 이루어지게 됩니다.

그런데 호흡기에 병이 들어서 산소 공급이 잘 이루어지지 않거나 심장에 이상이 생겨서 동맥혈과 정맥혈이 뒤섞일 경우에는 우리 몸이 필요로 하는 만큼의 산소를 충분히 공급하지 못하여 저산소증이 발생되고 청색증이 나타나는 것입니다.

호흡기 질환에 의한 청색증은 평소 건강하게 지내던 어린이에게 감기 증상이 있다가 악화되면서 갑자기 청색증을 보입니다. 그러나 선천성 심장 질환인 경우에는 대개 출생 직후 또는 수개월 후부터 호흡 곤란이 나타나며, 시간이 지나면서 우유를 먹을 때 힘들어하고 입술 주위가 파랗게 되는 청색증을 나타냅니다. 평소에는 청색증이 없었던 선천성 심장 질환 환자도 세기관지염과 같은 호흡기 질환에 걸리면 청색증이 쉽게 나타날 수 있으므로 이런 어린이는 호흡기 질환에 걸리지 않도록 평소 세심한 주의를 기울여야 하겠습니다.

청색증의 치료는 그 원인을 찾아서 없애 주는 것이 원칙입니다. 그러나 제일 먼저 산소를 공급하여 아이가 저산소증에서 벗어나도록 해주어야만 저산소증에 의한 치명적인 뇌 손상을 막을 수가 있습니다.

6 콧물, 코막힘, 코골음

감기를 앓을 때 상기도에 바이러스나 세균 등이 침입하면 코 점막에 염증 반응이 일어납니다. 이 염증에 의해 코 점막의 조직이 붓고 혈관이 확장되며 점액선이 활성화되어 다량의 점액이 분비됨으로써 콧물이 흘러 나오고 코가 막히는 증상을 일으킵니다.

콧물은 처음에는 묽게 나오다가 1~2일쯤 지나면 점차 진해져서 누런 콧물로 변하게 되고, 코가 막혀서 입으로 호흡을 하면 목안의 점막이 건조해져서 목이 아픈 증상으로 발전합니다.

따라서 콧물, 코막힘 등의 증상은 단지 코에 국한되는 문제가 아니라 전신적인 질환인 감기의 일부 증상으로 나타나는 것이므로 콧물과 코막힘만을 치료해서는 증세가 좋아지지 않습니다. 이같은 증상은 일반적인 감기 치료와 안정, 충분한 영양과 수분 공급을 통해서 치료할 수가 있습니다. 아울러 실내 환경을 코에 가장 적합한 온도(20℃ 내외)와 습도(50%~60%)로 유지시켜 코의 기능이 원활하도록 해주는 것이 치료와 예방에 효과적입니다.

아주 어린아이의 경우 코막힘 증상이 심하면 우유를 제대로 먹지 못한다거나 잠을 잘 자지 못해서 보채게 됩니다. 이때 코 충혈제거제(코막힘을 제거하기 위하여 코에 뿌리는 약)를 사용하여 일시적인 효과를 볼 수도 있으나 5일 이상 장기간 사용하면 약물에 의한 코막힘 증상이 더 악화될 수 있으므로 주의해야 합니다.

이밖에 콧물과 코막힘 증상이 오랫동안 지속되거나 특정 계절에 심해지는 경우에는 알레르기성 비염을 생각할 수 있습니다. 알레르기성 비염일 때에는 대개 열이 없고, 맑은 콧물과 재채기, 코와 눈의 가려움증 등이 함께 나타나는 특징이 있습니다.

코골음 증상은 잠을 자는 동안 입안의 연조직들, 즉 입천장·편도선·혀·인두의 점막 주위에 이것을 지탱해 주는 구조물이 없어서 뒤로 늘어져 있는 상태에서 숨을 쉴 때 그 사이로 공기가 통과하면서 점막을 떨게 하여 소리를 내는 것입니다.

코골음은 감기나 부비동염, 알레르기성 비염 등 코 점막에 염증이 있어서 점막이 붓게 되면 호흡이 어려워져서 더욱 심해집니다. 또 코가 막혀 호흡이 곤란해지면 주위의 점막들이 서로 들러붙어 공기를 차단하므로 숨이 일시적으로 정지되기도 합니다.

잠잘 때 이런 현상이 10초 이상씩 1시간에 7회 이상 나타나면 '수면 무호흡증'이라고 합니다. 이런 상태가 지속되면 숙면을 취하지 못해 늘 피곤해 하며, 여러 가지 합병증을 초래할 수도 있습니다. 따라서 평소 가정에서는 코로 숨쉬기 좋은 실내 환경을 만들어 주는 것이 코골음도 줄여 주고 아이들의 건강에도 좋다고 하겠습니다.

7 흉 통

흉통은 말 그대로 가슴에 통증을 느끼는 현상을 말합니다. 흉통은 어린이에게 그리 흔한 증상은 아니며, 또 그런 증상이 일어난다 해도 대부분 가벼운 정도여서 특별히 치료하지 않아도 저절로 좋아지는 경우가 많습니다.

어른에게 흉통이 있으면 제일 먼저 심장 문제를 걱정하지만 어린이에게는 심장 문제가 흉통의 원인이 되는 경우는 드뭅니다.

흉통은 대개 기침을 할 때나 심호흡을 할 때 나타납니다. 흉통이 나타나는 가장 흔한 원인은 가슴 부위를 다쳐서 갈비뼈가 부러지거나 멍이 든 경우입니다. 그리고

를 막는 데 도움이 됩니다.

(3) 물찜질 방법

거즈나 수건에 '미지근한 물'을 적셔서 피부를 골고루 문질러 주면 열을 발산시켜서 열을 내리게 합니다. 이때 알코올을 섞은 물을 이용해 문질러 주면 더 효과적입니다만, 아이가 덜덜 떠는 수가 있고 불쾌해 하며 전문적인 지식이 없는 사람이 하면 오히려 더 해로우므로 이 방법은 가급적 쓰지 않는 게 좋습니다.

또 이마나 겨드랑이 등 몸의 일부분에만 찬 물수건이나 얼음 주머니를 대어서 체온을 낮추는 방법도 있으나 이런 치료는 효과적이지 못합니다.

(4) 가정에서 아이의 체온을 재는 방법

열은 병의 심한 정도를 알 수 있는 지표이며 의사가 병을 진단하는 데 있어 중요한 정보를 제공합니다. 간혹 일부 엄마들이 '느낌으로 또는 손으로 아이의 이마를 만져 보고' 열이 심하다고 호소하는 수가 있습니다. 이런 경우 의사들에게 잘못된 정보를 제공하여 진료에 차질을 줄 수도 있습니다.

어린이가 뜨겁다고 느끼면 반드시 체온계로 온도를 측정하여 정확한 체온을 아는 일이 필요합니다. 그러므로 아이들을 키우는 가정에서는 반드시 체온계를 상비하고 있다가 열이 있다고 생각되면 꼭 체온계로 체온을 재는 습관을 가지는 것이 바람직합니다.

가정에서 엄마가 체온을 잴 때에는 체온계를 겨드랑이나 입안에 넣어 측정하는 방법을 쓰고 있습니다. 보다

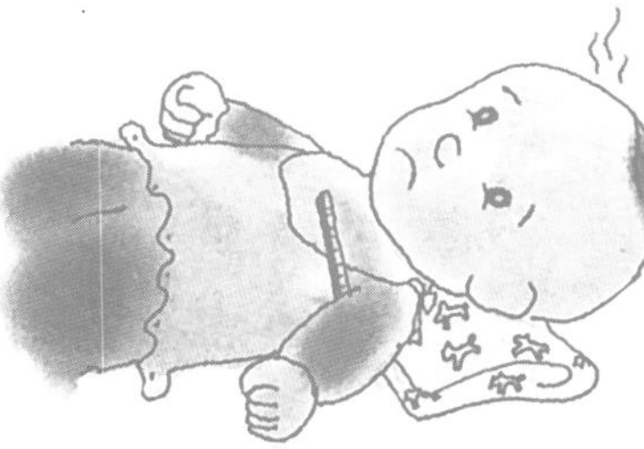

겨드랑이로 체온을 재는 방법

겨드랑이의 땀을 닦아내고 체온계를 10~15분 정도 꽂고 있어야 정확한 체온을 잴 수 있다.

정확한 체온을 재려면 아이의 항문에서 측정하는 게 좋지만 이 방법은 체온계가 깨져서 다칠 위험이 있으므로 겨드랑이나 입안에서 측정하는 것이 무난합니다.

겨드랑이에서 체온을 잴 때는 겨드랑이의 땀을 닦아내고, 체온계를 10~15분 정도 꽂고 있어야 정확한 체온을 잴 수가 있습니다.

최근에는 전자식 체온계가 개발되어 좀더 손쉽게 체온을 측정할 수 있게 되었습니다.

5.
감기와 비염은 다른 병인가

1 감기에 걸리면 급성 비염은 으레 따라온다

어린이에게 가장 흔한 호흡기 질환이 감기라는 것은 두말할 필요가 없는 사실입니다. 그러나 감기 증상에 대하여 잘 알고 있지 못하여 유사한 질환을 서로 다른 병으로 오인하여 부적절한 치료를 받게 되는 경우가 적지 않습니다. 여기서 말하고자 하는 비염도 그런 경우에 해당됩니다.

아이가 감기에 걸려서 병원에 데리고 온 엄마에게 "이 아이에게 비염이 있다"고 하면, 엄마들은 말이 끝나자마자 "이렇게 어린애한테 비염이라니요?" 하며 놀라기부터 합니다. 왜냐하면 엄마들이 알고 있는 상식으로 볼 때 비염은 감기보다 몇 배나 심각한 별개의 병이라는 인식이 깊이 박혀 있기 때문입니다.

비염에 대해 알아보기 전에 먼저 감기의 원인과 증상

을 다시 한번 살펴보는 것이 비염을 이해하는 데 좋을 듯싶습니다.

감기란 바이러스에 의해서 주로 목 부위(인두)에 염증이 생긴 것입니다. 그러나 어린이의 호흡기 질환은 염증이 나타나는 부위가 넓기 때문에 목뿐만이 아니라 코, 부비동, 고막이 있는 부분(중이)까지 염증이 퍼지는 경우가 많습니다. 그러므로 감기에 걸리면 목 부위의 염증과 더불어 비염까지 함께 나타나는 게 보통입니다. 다시 말해서 감기에는 으레 비염이 따라오는 것인데, 일반적으로 비염과 감기를 별개로 생각해 왔기 때문에 비염이라고 하면 또 다른 병에 걸린 것으로 잘못 생각하고 있는 것입니다.

그러면 비염이란 무엇을 말하는가? 비염은 말 그대로 단순히 코에 염증이 생긴 것을 말합니다. 물론 비염의 원인은 여러 가지일 수가 있으나, 가장 흔한 원인이 바이러스에 의한 염증입니다. 바이러스에 의한 원인이 가장 많다는 얘기는 곧 호흡기 질환의 대부분이 바이러스에 의해 감염되는 것이라고 볼 때 코 역시 호흡기 기관의 하나이므로 비염 자체가 그렇게 새로운 것은 아닙니다.

다시 말해서 어린이 감기는 코감기, 즉 비염이나 부비동염 등을 동반할 수 있는 질환이라는 것입니다. 그래서 아이가 감기에 걸리면 비염, 부비동염, 중이염 등에 대해서도 관심을 갖고 세심한 주의를 기울여야 하며, 이에 대비한 치료를 받는 것이 좋습니다.

이렇게 말하면 감기와 비염을 동일한 병으로 이해하셨을 것 같습니다. 그러나 꼭 그런 것만은 아닙니다. 비염

축농증은 수술하지 않고 약물에 의해서 치료되기 때문입니다.

2 부비동염의 치료

축농증 치료의 기본은 부비동의 염증을 줄이고 고여 있는 농(고름)을 원활하게 배출시키는 것입니다. 그렇게 하기 위해서는 수분 공급을 늘리고, 항생제를 쓰는 것입니다. 이외에 콧속의 염증을 가라앉히고 콧물을 줄여주는 약제를 사용하기도 합니다.

축농증 치료에 있어서 중요한 것은 적절한 항생제의 투여와 치료기간입니다.

항생제 투여 기간은 대개 급성인 경우에는 2주, 만성일 때에는 3~4주 이상인데 그후에도 항생제 이외의 보조적인 항염증 약물 등은 1~2개월 더 복용해야 합니다.

특히 만성 축농증은 증상이 좋아졌다가도 약을 끊으면 곧바로 재발하는 특징을 가지고 있으므로 장기간 인내심을 갖고 치료해야 합니다.

그런데 많은 엄마들이 오랫동안 약을 먹여 아이의 속을 버리지는 않을까, 또는 약을 오래 먹이면 머리가 나빠지지 않을까 걱정하여 중도에 약을 끊는 경우가 있습니다. 물론 약을 먹이지 않는 것이 최선의 방법이긴 하지만 약을 먹이지 않으면 축농증이 심해지기 때문에 약물 투여에 따른 경미한 부작용은 감수하는 수밖에 없습니다.

또 많은 엄마들이 축농증의 치료를 위해서 흡인기(코

를 빼내는 기구)로 매일 코를 청소해 주길 바라는 경우가 있습니다. 심지어 기관지염이나 폐렴에 걸렸을 때에도 흡인기로 가래를 뽑아내 주기를 원하는 일도 있습니다.

코에 약을 뿌리고 코를 뽑아내는 것은 단지 콧속이 잘 보이게 하여 진찰에 도움을 받기 위해서 하는 방법일 뿐이지 치료 수단이 아니므로 매일같이 이렇게 하는 것은 치료에 도움이 되지 않습니다. 더욱이 코의 상태를 진찰하기 위해서가 아니라 엄마들이 원한다고 해서 이렇게 치료를 하는 것은 바람직하지 않다고 하겠습니다.

약을 뿌리고 코를 빼주면 일시적으로 코가 뚫려 아이가 시원해 할지는 모르지만 콧물 속에 들어 있는 병균과 대항하는 면역물질도 빠져 나가므로 결국 우리 몸의 자연 치유 능력을 낮추는 결과가 되고 맙니다. 또 콧물이 제거된 코 점막에서는 부족해진 방어물질을 더 많이 만들어 분비시킴으로써 증상을 더욱 악화시키는 결과를 낳는 것입니다.

특히 기관지 천식이 함께 있는 아이들에 있어서는 축농증이 기관지 천식 증상을 악화시킬 수 있으므로 더욱 더 주의를 기울여야 합니다.

만성 축농증은 증상이 좋아졌다가도 약을 끊으면 곧바로 재발하는 특징을 가지고 있으므로 장기간 인내심을 가지고 치료해야 합니다.

7.
호흡기 질환은 서로 연관성이 있다

기도(공기의 통로)는 해부학적으로 '상기도(코, 목)'와 '하기도(기관지, 폐)'로 구분된다고 말했습니다만 이 같은 구분은 의학적인 구분일 뿐 실제 신체상으로는 하나의 통로로 연결되어 있습니다. 그래서 아이들이 '상기도'에 병이 생기면 '하기도'에도 병이 생기는 일이 무척 많습니다. 실제로 감기(상기도 감염)에 걸린 아이가 폐렴(하기도 감염)을 앓게 되는 것도 이같은 이유 때문입니다.

폐렴 같은 하기도 염증은 대개 며칠 전부터 상기도 감염 증상이 있은 다음에 나타나며, 하기도 감염을 일으키는 병균은 대부분 상기도 감염을 일으킨 병균과 일치합니다. 그리고 상기도와 하기도 감염이 많이 발생하는 시기가 초봄과 늦가을, 즉 환절기라는 점에서 일치하는 것도 상기도와 하기도의 밀접한 연관성을 보여 주는 것입니다.

그러면 상기도와 하기도 감염이 서로 연관되어 일어나는 현상에 대하여 자세하게 알아보겠습니다.

1 감기와 하기도(기관지, 폐) 질환은 왜 연관성이 있는가

호흡기 질환이 서로 연관성을 갖는 이유는 상기도와 하기도가 동일한 구조로 되어 있다는 사실 하나 때문에 그런 것만은 아닙니다. 이보다 더 중요한 사실은 상기도에 있는 면역 기능이 제 기능을 다하지 못하기 때문에 하기도로 병균이 옮아 온다는 점입니다. 즉, 코 점막의 분비물과 코털이 해로운 물질을 걸러내지 못하고, 들이마시는 공기의 온도와 습도를 적당하게 맞춰 주지 못하면 병원체가 하기도로 쉽게 침입하여 발병하게 되는 것입니다. 물론 하기도에도 면역세포, 섬모운동, 기침 등 병을 이겨낼 수 있는 방어 기능이 있지만 이런 경우에는 방어 기능을 발휘할 수 있는 여건이 적당치 않아 제 기능을 하지 못하게 됩니다.

특히 갓난아기들은 우유나 음식물을 먹을 때 사래가 많이 들어서 목에 있던 물질이 기관지로 잘 넘어가는 특징이 있습니다. 따라서 갓난아기는 상기도에서 병을 일으키는 병균이 쉽게 하기도로 넘어갑니다.

그래서 상기도 감염이 있으면 후두염, 기관지염, 세기관지염, 폐렴 등 하기도 감염으로 번지기 쉽습니다.

또한 병원체가 하기도로 퍼지지 않더라도 상기도에 생긴 염증 물질이 하기도로 흡인된다던가, 비염과 부비동염의 영향으로 반사작용이 일어나 하기도에 염증을 유발시키기도 합니다.

이와 같은 대표적인 예가 기관지 천식인데, 기관지 천식을 앓는 아이들은 천식 발작 직전에 감기 같은 상기도 감염을 앓는 경우가 많습니다. 상기도 감염이 인체의 반사작용을 일으켜 기관지를 수축시키면 천식 증상이 심해져서 호흡 곤란, 기침, 가래 끓는 소리(천명) 등의 전형적인 증상을 보이곤 합니다. 통계적으로도 기관지 천식 환자의 약 80%가 만성 비염을 함께 가지고 있고, 비염 환자의 20% 정도가 기관지 천식을 같이 앓는 것으로 나와 있습니다.

또 한 가지 중요한 것은 애초부터 호흡기 질환이 상기도와 하기도 양쪽에 동시 발병하는 일도 많다는 사실입니다.

2 비염이나 축농증이 있는 소아는 기관지염이나 폐렴이 있는지 반드시 확인해야 된다

임상적으로 볼 때 상기도 질환과 하기도 질환의 증상은 서로 중복되는 사례가 많습니다. 예를 들어 '기침'이라는 증상은 축농증 혹은 감기와 같은 상기도 질환이 있을 때에도 나타나지만 기관지염과 같은 하기도 질환에 걸렸을 때에도 나타납니다. '가래' 역시 축농증에 의한 염증 분비물에 의해서 생길 수도 있지만 기관지염이나 폐렴을 앓을 때에도 나타납니다.

따라서 하나의 증상만 가지고는 이것이 상기도 질환 때문에 생긴 것인지, 하기도 질환 때문에 생긴 것인지를 정확하게 알 수는 없습니다. 우리가 감기나 축농증과 같은 상기도 질환 때문에 소아과에 갔을 때 의사가 아이의 가슴에다 청진기를 대고 진찰하는 것은 기관지염이나 폐렴 등 하기도에도 병이 있는지를 정확하게 알아보기 위해서입니다.

특히 어린아이들은 상기도에 증상이 있다고 해서 이를 상기도 질환으로만 생각해서는 안되며, 반드시 하기도에도 어떤 이상이 없는지를 살펴보아야 합니다. 상기도와 하기도는 서로 밀접한 관계를 갖고 있기 때문에 두 군데가 동시에 발병되는 일이 많다는 점을 엄마들이 꼭 알아두어야 하겠습니다.

상기도 감염이 있으면 후두염, 기관지염, 세기관지염, 폐렴 등 하기도 감염으로 번지기 쉽습니다.

8.
가래 끓는 소리는 왜 나는가

아이를 키워 본 엄마치고 기침과 가래, 고열이나 콧물 때문에 걱정해 보지 않은 엄마는 없을 것입니다. 어쩌면 이런 증상들은 어린이가 성장하는 과정에서 볼 수 있는 아주 보편적인 현상이지만, 아이를 키우다 보면 이런 증상들에 시달려 때로는 노이로제 반응까지 보이는 엄마들도 의외로 많습니다.

1 가래는 왜 생기나

아이들의 가래 때문에 고생하다 보니 엄마들은 가래를 병적인 증상으로만 생각하는 경향이 있습니다. 그러나 사실은 그렇지 않습니다. 가래는 엄마들이 생각하는 것처럼 반드시 해로운 것만은 아닙니다.

정상적인 사람의 기도에는 항상 점액성 분비물이 있어

들이마신 바깥 공기가 적당한 온도와 습도를 유지할 수 있도록 하고 있습니다. 이와 같은 점액성 분비물을 가래라고 하는데, 가래는 외부에서 들어오는 해로운 물질을 흡착시켜 밖으로 내보내는 방어적인 기능도 가지고 있습니다.

평소에도 가래는 늘 있지만 소량이고, 호흡을 하거나 기도 점막의 섬모운동에 의해 우리가 모르는 사이에 배출되기 때문에 느끼지 못할 뿐입니다.

그럼에도 불구하고 아이들이 심한 가래 증상 때문에 힘들어하는 까닭은 무엇일까요?

그것은 정상적인 상태에서는 호흡에 의해 자연적으로 증발되거나 무의식중에 삼킴으로써 가래가 끓는 일이 없지만 기관지에 염증이 생기면 가래가 정도 이상으로 많이 생산되고 기관지가 좁아져 원활하게 배출되지 않습니다. 그래서 가래가 기관지에 고이게 되고, 기관지를 막음으로써 기도(공기의 통로)를 좁게 만들 뿐 아니라, 염증으로 인해 기관지 점막이 붓게 되고 기관지 근육이 수축하게 되면 기도는 더욱 좁아지게 됩니다. 이렇게 되면 숨을 쉴 때 그렁그렁하는 가래소리와 쌕쌕거리는 숨소리를 내면서 호흡 곤란이 일어나 아이들이 힘들어하는 것입니다.

2 가래 끓는 소리는 모두 가래 때문에 나는 것은 아니다

아이들한테서 가래 끓는 소리가 날 때 엄마들은 이 소리가 전적으로 가래 때문에 나는 것으로 생각하는 일이 많습니다. 그러나 이것은 잘못된 생각입니다.

가래 끓는 소리가 나는 것은 공기가 드나드는 통로, 즉 기관지가 좁아졌을 때 나는 소리입니다. 이렇게 기관지가 좁아지는 이유는 세 가지 원인이 있습니다. 첫째는 기관지가 수축되기 때문이고, 둘째는 기관지를 덮고 있는 점막이 붓기 때문이며, 셋째는 가래가 많이 생기기 때문입니다.

그런데 이 세 가지 현상은 기관지염이나 기관지 천식, 세기관지염 등 기도에 염증이 일어나면 모두 나타나게 됩니다. 쉽게 말해서 호흡기 질환이 있으면 이 세 가지가 모두 다 나타나는 현상이라고 보는 게 좋습니다. 따라서 가래 끓는 소리가 가래 때문에 나는 것은 그 원인의 3분의 1에 불과합니다.

그러므로 실현 불가능한 얘기지만 가래를 거의 다 빼낸다고 해도 가래 끓는 소리는 없어지지 않을 것입니다. 그 이유는 나머지 두 가지 원인이 남아 있기 때문입니다. 기관지에 염증이 있는 한 가래 끓는 소리는 계속해서 들리게 되므로 약물을 투여하여 염증을 가라앉히는 것만이 근본적인 치료라 하겠습니다.

3 가래 증상의 치료

가래가 심할 때에는 어떻게 해야 할까? 물론 과다하게 생긴 가래는 빼주는 것이 좋습니다. 그러나 쉽게 나오지 않는다는 데 문제가 있습니다. 가슴 깊숙이 들어있는 가래를 모두 빼낸다는 것은 불가능한 일이니까요.

의사들이 기계에 달린 고무줄을 콧속에 넣어 가래를 빼내는 것을 본 일이 있을 것입니다. 이것은 가슴 속 깊이 들어 있는 가래를 빼내려는 것이 아니고 콧속이나 목에 붙어 있는 가래를 빼내서 숨쉬기가 편하게 하려는 목적으로 하는 것입니다. 기관지는 20~26개의 가지를 치고 있어서 코로 가래를 빼내려고 해도 빨려 올라오지 않습니다. 아무리 기침을 시켜 봐도 여섯번째 기관지 이하에 들어 있는(깊숙이 들어 있는) 가래는 나오지 않습니다. 이렇게 깊숙한 곳에 들어 있는 가래를 나오게 하는 것은 '섬모운동', 즉 자연적인 생리현상에 맡기는 방법 이외에는 다른 도리가 없습니다. 그러나 가래가 보다 더 수월하게 빠져 나올 수 있는 여건을 만들어 줌으로써 가래가 좀 더 쉽게 빠져 나오게 할 수는 있습니다.

가래의 성분 대부분이 수분이므로 섬모운동을 촉진시켜 가래가 쉽게 배출되게 하려면 수분 섭취를 충분히 하고, 가습기를 사용하여 가래를 묽게 하는 일이 중요합니다. 하지만 염증이 심하고 세균 감염이 복합되면 항생제, 항염증제, 거담제 등을 사용하여 가래를 묽게 하고 가래의 생산량을 줄이면서 기도의 염증(부종)을 감소시켜야 합니다. 기관지 천식의 경우에는 기관지 확장제를 같이 투여하여 기관지의 지름을 넓혀 주는 것도 하나의 방법입니다.

결론적으로 가래는 우리 몸에서 일어나는 자연적인 현상 중의 하나이지만, 기관지에 염증이 생겨 가래가 너무 많이 생산되면 문제가 되는 것입니다. 이런 경우 '가래 빼는 일'에만 너무 집착하는 것은 좋지 않으며, 가래 증상이 회복될 수 있도록 원인 제거를 위한 환경을 마련해 주는 일이 보다 더 중요하다고 하겠습니다. 가래를 나오게 하는 자세한 방법은 제2부의 10장(102페이지)을 보시기 바랍니다.

기관지에 염증이 있는 한 가래 끓는 소리는 계속해서 들리게 되므로 염증을 가라앉히는 것만이 근본적인 치료입니다.

9.
가래 끓는 소리가 날 때 의심해 볼 수 있는 병

어린아이의 숨소리는 조용한 '바람소리'처럼 부드럽게 들리는 게 정상입니다. 그런데 아이한테서 '그렁'거리며 '휘파람소리' 같은 숨소리가 날 때가 있습니다. 이때 엄마들은 별다른 의심 없이 아이가 '감기'에 걸렸다고 생각하기 쉽습니다.

그러나 그렁그렁하고 가래 끓는 소리가 날 때 이를 무조건 감기라고 보아서는 안됩니다.

물론 감기에 걸려서 가래 끓는 소리가 날 때도 있지만 우리가 '감기를 달고 산다'고 말하는 아이들한테서 나는 가래 끓는 소리는 단순히 감기 때문에 나는 것이 아닙니다.

이런 경우에는 아이의 호흡기 계통에 이상이 없는지를 확인해 보는 것이 현명하다고 하겠습니다.

1 천명이 들릴 때 의심할 수 있는 병

'그렁'거리며 '휘파람 부는 소리'처럼 들리는 소리를 의학적으로는 '천명'이라고 부릅니다. 천명을 쉽게 이해하려면 피리소리를 생각해 보면 됩니다. 예를 들어 구멍이 큰 대롱을 불면 공기가 그냥 지나치기 때문에 아무 소리도 나지 않습니다. 그러나 피리처럼 구멍이 좁은 대롱을 불면 삑삑 하는 소리가 나게 됩니다. 이런 소리는 구멍이 좁을수록 더욱 심해지는 걸 알 수 있습니다. 아이들의 천명도 이와 같은 것입니다. 즉, 숨쉴 때 정상 상태보다 좁아진 기도를 공기가 통과하게 되면 천명이 나는 것입니다.

그럼, 천명이 나타날 수 있는 호흡기 질환에 대해 살펴보도록 하겠습니다.

흔히 감기를 달고 산다고 말하는 아이들이 천명 소리를 낼 때 제일 먼저 생각할 수 있는 것은 기관지 천식입니다. 기관지 천식 때 들리는 천명은 갑자기 또는 일정한 간격을 두고 쌕쌕거리는 소리를 내고 호흡 곤란이 나타나며 기침을 하는 특징이 있습니다. 그러나 나이가 어릴수록 감기와 비슷한 증세를 보이는 경우가 많고, 어떤 아이는 천명이나 숨찬 증상도 없이 장기간 '기침만' 하는 경우도 있습니다.

이런 증상을 나타내는 아이들은 찬바람만 쏘여도 바로 기침을 하고 쌕쌕거리며 그렁거리는 소리를 내기 때문에 엄마들이 볼 때 감기를 달고 사는 것으로 오해할 수가 있습니다. 또 특별한 원인 없이 폐렴이 자주 생기는 경우도 있는데 이럴 때도 기관지 천식을 의심해 볼 필요가 있으므로, 소아과 전문의에게 정확한 진찰을 받는 게 바람직합니다.

천명을 들을 수 있는 또 다른 경우는 아이가 세기관지염에 걸렸을 때입니다. 바이러스에 의한 호흡기 감염으로 생기는 이 질환은 흔히 돌 전후의 어린아기에게서 감기처럼 시작하여 심하면 숨이 차고 기침을 하게 됩니다. 세기관지염은 보통 한두 번 이상은 앓지 않는 특징이 있습니다. 따라서 이런 증상이 여러 번 반복된다거나, 기침과 이유를 알 수 없는 쌕쌕거리는 증상이 있으면서 아토피 피부염(태열)이 있을 때에는 이 병이 세기관지염이라기보다는 기관지 천식일 확률이 높습니다.

이밖에 천명이 있을 때 의심해 볼 수 있는 질환으로는 기관지염과 기관지 확장증, 흡인성 폐렴, 후두염 또는 후두개염 등이 있습니다(제3부 참조). 또 천명의 원인 가운데 빼놓을 수 없는 것으로서 '이물질에 의한 기도 폐쇄'를 들 수 있습니다. 이 병은 막 기어다니기 시작하는 어린아이들이 땅콩 같은 것을 먹다가 기관지로 들어가서 일어나는 기도 폐쇄로 이때에도 천명을 들을 수 있습니다.

2 천명과 구별해야 하는 비정상적인 숨소리

지금까지 천명에 대해서 알아보았습니다만 우리가 간혹 천명으로 오인하기 쉬운 숨소리들이 있습니다. 천명과 구별해야 할 비정상적인 숨소리에는 어떤 것들이 있는지 알아보겠습니다.

(1) 천 음 : 공기가 드나드는 목 속(후두 등)의 통로가 좁아져서 생기는 소리입니다. 후두는 공기가 드나드는 통로의 제일 위쪽에 있고 그 내경이 크기 때문에 이때 들리는 소리는 앞서 말한 천명보다 더 거칠고 '그르렁 거리는' 소리도 더 요란하게 나는 특징이 있습니다. 이 소리는 울 때 가장 크게 들리고, 목을 수그린 상태로 똑바로 누워 있으면 더 심해지므로 환자는 고개를 약간 젖힌 상태로 눕히는 것이 좋습니다.

(2) 그렁거림 : 마치 낮은 음의 퉁소소리와 같은 '그렁거리는' 소리로서 성대가 닫히거나 성문이 부분적으로 닫혀 있는 상태에서 숨을 내쉴 때 나는 소리입니다.

(3) 코골음 소리 : 입안의 인두 조직이 평평하면 숨을 쉴 때 거칠게 울리는 소리가 납니다. 편도선이나 아데노이드가 비대해도 이같은 소리가 나고, 턱이 작고 혀가 말려 들어가는 선천성 질환인 '삐에르 로빈' 증후군에서도 이런 소리가 납니다.

이와 같이 가래 끓는 소리는 반드시 가래 때문에 나는 것은 아니고 그 원인도 다양합니다.
일반적으로 생각하듯이 꼭 감기 때문에 그런 것도 아닙니다.
그러므로 정확한 진단으로 원인을 규명하고 올바른 치료를 받는 것이 중요합니다.

10.
가래를 빼내는 현명한 방법

가래는 코나 부비동에서 생긴 분비물이 목뒤로 넘어가거나 또는 기관이나 기관지에서 생겨 기침이나 섬모운동에 의해서 목 쪽으로 올라오면 가래의 형태로 뱉어내게 됩니다. 가래는 원래 정상적인 상태에서도 분비된다고 말한 바 있습니다. 그러나 이렇게 생산되는 양은 매우 적어서 가래로서 느낄 수 없는 정도입니다. 다만 호흡기에 각종 자극이나 해로운 물질, 예를 들어 세균이나 바이러스 등의 감염에 의해서 이러한 분비물의 양이 많아지게 될 경우 가래가 생겼다는 느낌이 들거나 가래 끓는 소리가 나는 것입니다. 앞에서도 보았듯이 '가래가 곧 호흡기 이상'을 뜻하는 경우가 많다는 것은 바로 이런 까닭입니다.

일단 호흡기 내에서 가래가 생기면 이것을 밖으로 내보내기 위해서 기침을 하거나 섬모운동을 통해서 가래를 목 쪽으로 이동시키게 됩니다. 특히 가래는 끈적끈적한 상태이기 때문에 이것이 쉽게 이동되지 않을 경우 계속 기침을 하게 되며 가래가 기관지를 막으면 병이 더욱 악화되거나 폐렴 등의 합병증을 일으키게 됩니다. 더욱이 나이가 어린 아이들은 가래를 뱉어내는 기침을 잘하지 못하므로 더 어려움이 많습니다.

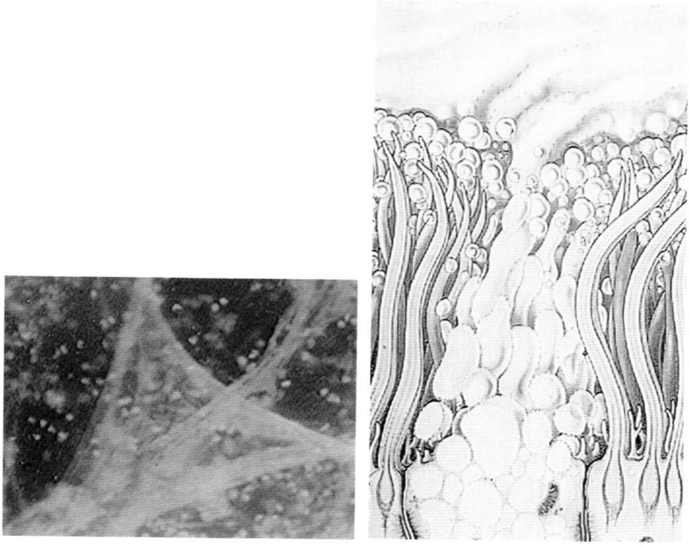

가래의 구조와 가래가 나오는 모습

왼쪽 그림은 가래의 모양을 보인 것이고, 오른쪽 그림은 기관지 점막에서 가래를 내보내는 모양을 보인 것이다. 호흡기 질환을 치료하려면 가래를 잘 배출시킬 수 있는 치료가 필요하다.

따라서 병 때문에 많아진 가래를 내보내기 어렵거나 이 때문에 기침을 너무 심하게 할 때에는 가래가 잘 나오도록 도와주어야 합니다.

가래를 빼내는 방법에는 수분 섭취, 호흡물리요법, 약물요법 등 세 가지가 있습니다.

1 수분 섭취

수분 섭취를 충분하게 하여 가래 배출을 돕는 방법입니다. 물을 많이 먹이거나 기계를 이용하여 습기를 들이마시도록 하면 가래의 점조도(끈적끈적한 정도)가 낮아져 가래가 쉽게 빠져나올 수 있게 됩니다.

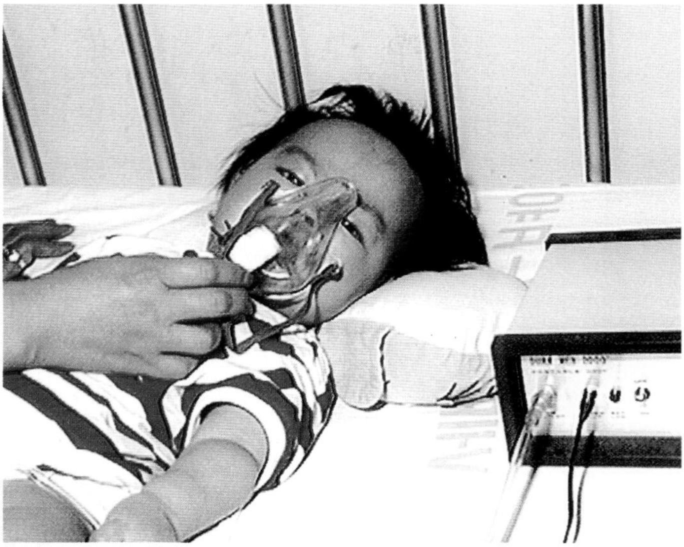

흡입요법을 하는 모습
가래를 묽게 해서 배출하기 용이하도록 흡입 치료를 하고 있다.

실제로 방안의 공기가 건조할 때 아이들의 호흡상태가 더 나빠지는 것을 경험하신 적이 있을 겁니다. 따라서 가습기나 젖은 수건 등을 이용해서 실내의 습도를 높여 기관지에 습기를 공급하거나 보리차 등을 많이 먹여 충분한 수분 섭취를 하도록 하면 가래 때문에 나타나는 증상을 완화시킬 수가 있습니다.

2 호흡물리요법

호흡물리요법이라고 하면 아마 처음 들어보신 분들도 많을 줄 압니다. 이 의학용어가 무엇을 의미하는지 어려워 보일지도 모르지만 사실은 상식에서 비롯된 치료방법입니다.

(1) 체위배담법

우선 간단한 예를 들겠습니다. 여기 얇은 플라스틱으로 된 샴푸병이 있다고 합시다. 이 병 속에 든 샴푸를 거의 다 써서 밑바닥에 조금 남아 있을 경우 이것마저 꺼내서 쓰려면 여러분은 어떻게 하시겠습니까? 말할 것도 없이 병의 주둥이를 아래로 해서 거꾸로 세워 놓을 것입니다. 그러면 밑바닥에 남아 있던 샴푸가 그 무게 때문에 주둥이 쪽으로 천천히 흘러 내려올 것입니다.

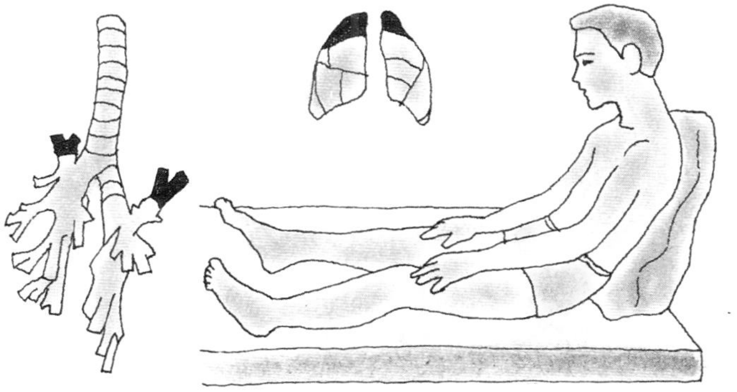

호흡물리요법 : 체위배담법

이 그림은 오른쪽 및 왼쪽 폐의 상부(까맣게 표시된 부분)에 가래가 있을 때 가래가 쉽게 빠져 나오도록 자세를 취하고 있는 모습이다.

샴푸가 아래로 흘러 나오는 것은 중력 때문에 일어나는 현상입니다. 이와 마찬가지로 기관지에 생긴 가래를 빼내기 위해서는 가래가 정상적으로 흘러나가는 쪽(기관지가 굵어져가는 쪽)을 아래로 오게끔 사람 몸의 위치를 바꿔주면 역시 중력에 의해서 가래가 잘 흘러 나오게 됩니다. 이런 방법으로 가래를 빼주는 방법을 '체위배담법' 이라고 부릅니다. 기관지는 나뭇가지처럼 가지를 많이 치고 있는데 가래는 가느다란 기관지에서 굵은 기관지 쪽으로 잘 흘러나오게 되므로 이런 체위를 취하도록 하는 일이 중요합니다.

(2) 구타진동법

다음으로 샴푸병 속에 남아 있는 샴푸가 흘러 내려오기는 하는데 그 속도가 늦다면 여러분은 어떻게 하시겠습니까? 병을 들어서 손바닥으로 병을 탁탁 칠 것입니다. 바로 이런 방법으로 가래를 잘 나오게 하는 방법을 '구타진동법'이라고 합니다. 즉 손바닥으로 가슴을 두드려 주는 일입니다. 이렇게 하면 기관지에 착 달라붙어 있던 가래가 손바닥으로 가슴을 때리는 진동에 의해서 기관지벽에서부터 떨어져 밖으로 나오기가 쉽게 됩니다.

이때 주의할 일은 손으로 플라스틱병을 치듯이 환자의 가슴을 치면 안된다는 사실입니다. 환자를 두드려패는 결과가 되니까요. 따라서 구타진동법을 실시하는 데도 요령이 필요합니다. 우선 손바닥을 오목하게 해서 환자의 가슴과 등을 아프지 않도록 가볍게 통통 쳐주어야 합니다. 이때 팔굽을 움직여서 등을 치면 환자가 아파하므로 반드시 손목만을 움직여서(팔굽은 움직이지 말고) 쳐

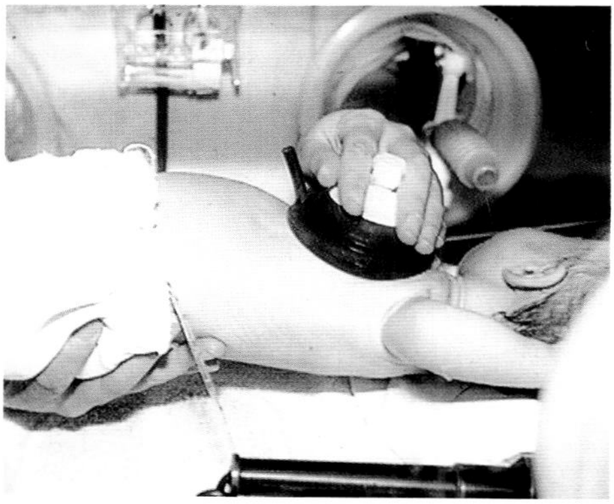
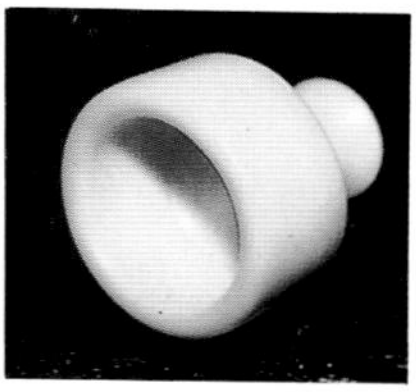

신생아에게 호흡물리요법인 "컵으로 두드리기"를 하고 있는 모습
호흡기 질환을 앓고 있는 신생아에게 가래를 잘 배출시키기 위해서 작은 컵으로 가슴을 가볍게 두드려 주고 있다. 오른쪽 사진은 가슴을 두드려 주기 위해서 만들어 팔고 있는 컵.

줘야 됩니다. 이 방법은 대개 환자가 깨어 있는 동안에 실시하며 2시간에 한 번씩, 한 번에 1분 가량 두드려 줍니다. 이때 옷 위로 쳐서는 효과가 덜하므로 맨몸을 두드려줘야 하지만 런닝셔츠 하나 입은 정도는 상관없습니다. 또 손을 오목하게 할 수 없는 사람을 위해서 이 치료에 사용하는 전용 '컵'이 현재 시중에서 판매되고 있습니다.

(3) 허 핑

이렇게 해도 샴푸가 잘 나오지 않으면 여러분들은 어떤 방법을 쓰시겠습니까? 샴푸병을 들고 주둥이를 아래로 한 상태에서 샴푸병을 꾹꾹 주물렀다, 놨다 하는 행동을 하실 것입니다. 마찬가지로 가슴속 깊이 든 가래를 빼내기 위해서 바로 이 원리를 쓸 수가 있습니다. 그러나 사람의 몸은 샴푸병과는 다르므로 가슴을 주물렀다,

봤다 할 수는 없고 이것은 환자 자신이 이런 행동을 해야 하는데 당연히 이런 운동은 큰아이에게만 시킬 수가 있습니다. 이런 치료법을 '허핑'이라고 부르는데 요령은 숨을 깊이 들이마셨다가 일시에 빠르게 내뱉는 방법입니다. 이럴 때 나오는 숨소리가 '헉' 하는 소리로 들리므로 허핑이라고 부르게 된 것입니다.

이렇게 숨을 최대로 들이마셨다가 일시에 내보내면 기관지가 눌리게 되므로 작은 기관지에 있던 가래가 큰 기관지 쪽으로 밀려서 올라오게 되어 가래를 밖으로 내보내기 쉬운 상태로 되는 것입니다.

이런 호흡물리요법은 일견 큰 효과가 없을 것처럼 보이지만 사실은 아주 큰 효과를 보는 경우가 많습니다. 따라서 가장 실시하기 쉬운 '구타진동법'을 실시하도록 하고 '체위배담법'은 필요에 따라서 소아과 전문의의 지도하에 실시하는 것이 좋으며 '허핑'은 아이의 나이가 좀 더 많은 경우에 실시하기를 권합니다.

3 약물요법

약물요법으로는 기관지 확장제나 거담제를 먹이는 방법입니다. 기관지 확장제는 기관지 천식이 있을 때 오무라든 기관지를 넓혀 주므로 가래는 이 넓혀진 기관지를 통해서 흘러나오기가 쉽게 됩니다. 거담제는 끈끈해서 잘 흘러나오지 않는 가래를 묽게 해서 흘러나오기 쉽도록 하는 약입니다.

그러나 이런 약제들은 의사가 적절히 처방을 해야만

약효를 볼 수 있고 부작용도 예방할 수가 있으므로 약국에 가서 마음대로 사다 먹이는 일은 금하는 것이 좋습니다.

가래를 빼내는 방법에는 수분 섭취, 호흡물리요법, 약물요법 등 세 가지가 있습니다.

11.
가습기를 효과적으로 사용하는 방법

요즘 아이를 키우는 가정에는 대부분 가습기가 있습니다. 방안의 습도를 높이기 위해서, 특히 아이가 감기에 걸렸을 때 가습기를 틀어 주는 것이 좋기 때문에 가습기를 많이 사용하고 있는 것입니다.

막연하게 가습기가 좋다고 알아 왔는데, 가습기가 왜 필요한지부터 정확하게 알아보겠습니다.

가습기를 많이 사용하는 시기는 겨울철입니다. 겨울철에는 실내 공기가 한층 더 건조하기 때문이지요. 그래서 가습기를 틀어 실내의 습도를 높여 주게 되면 숨쉬기가 편해지고 깔깔했던 목이 한결 부드러워지는 것을 느낄 수가 있습니다.

실제로 습기는 우리 호흡기에 있어 매우 중요합니다. 호흡기에서 중요한 공기의 통로인 기관, 기관지 등은 표면이 끈적끈적한 세포로 덮여 있고 여기에는 섬모라는 작은 털이 나 있습니다. 이러한 섬모들이 끊임없이 움직

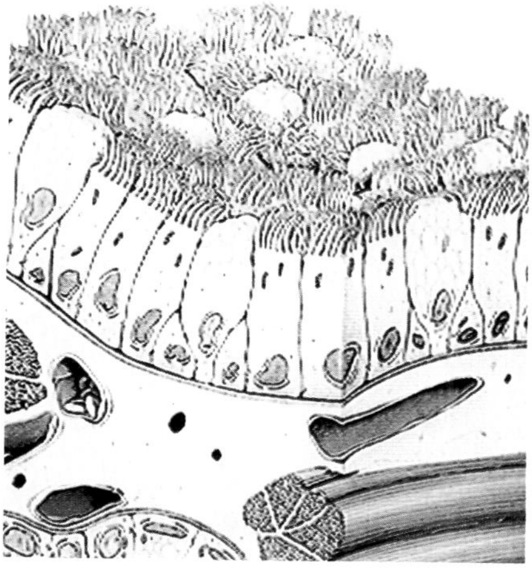

기관지 점막의 단면도
기관지 점막을 이루는 세포에는 털 같은 섬모들이 많이 나 있다. 이들은 가래를 빼내는 운동을 하는데, 공기가 건조하면 이 섬모들의 운동이 떨어지고 건조가 매우 심해지면 세포가 죽게 된다.

여 기도의 이물질이나 가래 등을 밖으로 내보내고 있습니다. 그러나 실내의 습도가 낮아 기도가 건조해지면 섬모운동이 크게 줄어들어 기도에 이상이 오게 됩니다. 이렇게 되면 가래를 밖으로 내보내는 능력이 떨어지고 점막에도 손상이 오게 됩니다. 가래가 나가지 못해서 모이게 되면 기관지가 막혀 결과적으로 폐렴이 생기거나 폐기종 또는 무기폐 등 합병증이 생기는 것입니다. 그리고 기도 내에 공기의 흐름을 더디게 하여 우리 몸에 산소 공급이 제대로 이루어지지 못하게 되는 심각한 상황이 벌어지게 됩니다.

그런데 이러한 현상은 건강한 사람보다 호흡기 질환을 앓고 있는 사람에게서 더 쉽게 일어납니다. 가뜩이나 숨쉬기가 어려운 환자에게 이런 현상이 발생한다면 그 결과는 뻔한 일이 아닐까요?

그래서 공기가 건조할 때 가습기를 사용하여 호흡기에 필요한 습기를 제공하는 것입니다.

1 가습기의 올바른 사용법

습기가 호흡기에 좋다고 가습기가 무조건 이로운 것은 아닙니다. 가습기를 바르게 사용하지 않으면 오히려 역효과가 날 수도 있습니다. 예를 들어 가습기에서 분무되는 물방울이 너무 커서 기관지 깊숙이 못 들어가는 경우도 있고, 가습기 물방울에 균이 묻어 들어가 호흡기 질환을 일으키거나 너무 많은 수분이 공급되어 폐부종(폐에 물이 차는 것)을 유발할 수도 있습니다.

최근에는 가습기의 기능이 많이 개선되어 분무되는 물방울의 크기를 더 작게 하거나 흡입필터에 특수한 항균제를 넣어 균이 유입되지 않도록 하고, 물을 자체적으로 끓여서 살균을 시키거나 방안의 습도가 자동 조절되도록 하는 등 다양한 기능을 갖춘 제품이 보급되어 있습니다. 하지만 가습기의 기능에만 의존하지 말고 올바른 사용법과 주의사항을 지켜 역효과가 나지 않도록 해야 합니다.

먼저 가습기에 사용하는 물은 항상 끓인 물을 식혀서 써야 합니다. 물통은 베이킹소다나 연성세제를 이용하여 매일(적어도 2일에 한 번) 청소하여 곰팡이 등이 번식하지 않게 해야 합니다. 가습기에는 항상 물이 담겨져 있어 균과 곰팡이가 번식하기 쉽기 때문입니다. 물론 가정에서 멸균소독을 한다는 것이 쉬운 일은 아닙니다만 최대한 청결하게 유지하려고 애써야 합니다. 또 가습기를 사용하지 않을 때에는 물통의 물을 빼내고 건조한 상

세균에 오염된 가습기와 가습기 속에 들어 있던 물

가습기를 위에서 본 모양. 가습기 벽에 세균에 의해서 오염된 점들이 많이 보인다(왼쪽). 가습기 속에 들어 있던 물 속에는 수없이 많은 부유물들이 떠 있다(오른쪽).

태로 보관해야 곰팡이가 생기지 않습니다.

그리고 가습기를 사용할 때 가습기를 환자 머리맡에 놓고 쓰는 일이 많은데 이것은 좋지 않습니다. 습기를 좀더 많이 쏘이게 하려는 심정은 이해합니다만 이렇게 가까이 놓는 것은 좋지 않습니다. 특히 초음파형 가습기일 경우 머리맡에 놓고 쓰면 물방울이 환자에게 직접 닿아서 얼굴과 옷이 축축해지므로 체온 조절이 잘 안돼서 환자가 감기에 걸릴 위험성이 더 높아지게 됩니다.

가습기를 사용하는 이유는 가습기에서 나오는 습기 그 자체에 있는 게 아니라 실내 전체의 습도를 높이는 데 있다는 원칙을 잊어서는 안되겠습니다.

이번에는 가습기를 사용해서 좋은 경우와 사용해서 좋지 않은 경우에 대해 알아보겠습니다.

열이 나고 가래가 많은 대부분의 호흡기 질환에는 가습기가 좋습니다. 예를 들어 후두염, 기관지 폐렴, 세기관지염 등의 경우에는 가습기를 사용하면 가래를 묽게

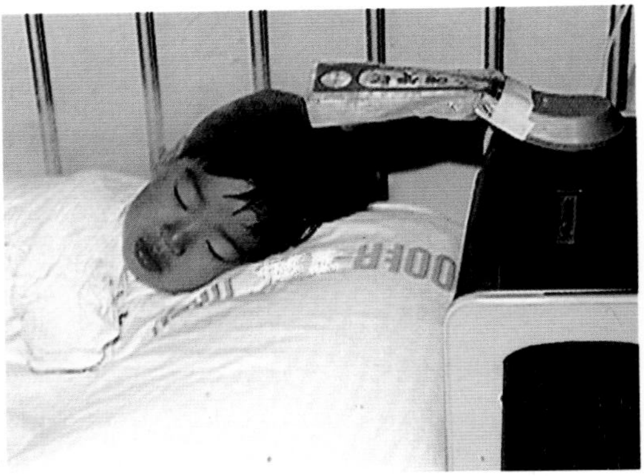

가습기를 환자의 머리맡에 바짝 놓고 사용하는 모습
이렇게 하면 환자의 몸과 옷이 축축해져서 감기에 들기 쉽다.

해주고 열도 떨어뜨려 주는 역할을 합니다.

그러나 기관지가 예민한 어린이에게는 찬 습기가 오히려 증상을 악화시킬 수가 있습니다. 그러므로 기관지 천식과 같이 기관지가 과민한 어린이에게는 너무 많이 사용하지 말아야 하며, 꼭 필요한 경우에는 미지근한 물을 넣어서 가습해 주는 것이 좋습니다.

2 가습기의 종류와 선택방법

가습기는 용도에 따라 치료용과 일반용으로 나눌 수 있고, 또 그 구조에 따라 젯트형과 초음파형으로 구분할 수 있습니다. 여기서 치료용이란 들이마시는 흡입 약제나 물을 넣을 수 있는 '약실'이 붙어 있는 가습기를 말합니다.

또 요즘은 물을 직접 끓여 수증기를 분무하는 가열형 가습기도 나와 있습니다. 앞서 얘기한 젯트형과 초음파형은 넣은 물을 잘게 부수어 분무하는 형식인 데 반해 가열형 가습기는 물을 끓이는 구조로 되어 있기 때문에 물이 수증기로 변해서 나오는 차이가 있습니다.

물론 커피포트나 주전자에 물을 끓여 써도 가열형 가습기와 별로 다를 것은 없습니다. 그러나 커피포트 같은 것은 사용하기가 불편할 뿐 아니라 잘못해서 엎질러지면 화상을 입을 위험이 있습니다. 어린아이들은 주의력이 부족하기 때문에 더욱 문제가 있습니다. 가열형 가습기는 조금 비싼 것이 흠이지만 넘어져도 화상을 입을 염려가 없고 자동습도조절장치가 있어 다른 종류의 가습기보다 성능이 뛰어납니다.

또 항상 물을 담아 놓는 기구는 세균에 오염될 가능성이 높은데 세균이란 한 번 오염되면 무서운 속도로 번식하는 특징을 가지고 있습니다. 그러므로 일반형처럼 단지 물을 잘게 부수어 분무하는 형식(소독이 불가능한 것)은 물통이 오염됐을 경우 세균을 그대로 들이마시게 되어 결국 세균을 폐 속 깊숙이 넣어 주게 됩니다. 일반형도 잘 소독하여 쓰면 상관이 없겠지만 복잡한 기구를 잘 닦기도 어렵거니와 잘 닦았다 하더라도 세균이 없다고 볼 수는 없습니다. 따라서 가능하면 가열형 가습기를 사용하는 것이 어린이들에게 보다 안전하고 효과적이라고 하겠습니다. 그리고 기관지 확장제와 같은 약제를 흡입시킬 때에는 약실이 붙어 있는 치료용 가습기(네뷰라이저)를 권합니다.

제 3 부

어린이에게 흔한 호흡기 질환과 그 치료

일으킵니다. 마치 덩치가 큰 사람이 좁은 통로를 가로막고 있다고 생각하면 됩니다.

콧속은 매우 좁습니다. 그러면 이 좁은 통로에 왜 이렇게 덩치 큰 구조물이 돋아나 있을까요? 코는 들이마시는 공기를 데워 주고 습도를 높여 주며 폐로 들어가려는 먼지를 막아 주는 일을 합니다. 또 숨을 내쉴 때는 빠져 나가는 공기에서 열과 습도를 도로 거두어들이는 매우 경제적인 일도 하고 있습니다. 만약 코가 이런 일을 하지 않는다면 우리는 정상적인 호흡을 할 수가 없습니다. 그런데 이런 일의 대부분을 이 비갑개들이 하고 있는 것입니다. 만약 통로가 넓다고 생각해 보십시오. 들이마시는 공기에 열과 습도를 공급하기가 쉽겠습니까?

여러분이 보통 때는 숨을 쉬는 데 아무런 불편을 느끼지 않다가도 코감기에 걸리면 코가 막혀서 많은 고생을 한 기억이 날 것입니다. 감기가 들면 바로 이 비갑개들이 붓게 되어 공기의 출입을 막기 때문에 그런 것입니다. 다시 말해서 이 비갑개들은 우리 몸에 꼭 필요하며 또 보통 때는 아무런 문제도 일으키지 않지만 병이 생겨서 붓게 되면 말썽을 일으키게 되는 것입니다. 이렇게 비갑개가 오랫동안 부어 있는 병을 '만성 비염'이라고 부릅니다. 여러분들이 코감기가 들었을 때에만 겪었던 고통을 만성 비염을 앓는 환자들은 항상 겪을 수밖에 없으니 그 고생은 쉽게 짐작할 수가 있을 것입니다.

3 만성 비염이 있을 때 축농증이 잘 생기는 이유

그런데 여기서 알아야 될 중요한 것이 하나 있습니다. 그것은 상악동의 출입구가 바로 비갑개의 밑쪽으로 나 있다는 사실입니다. 상악동은 광대뼈 속에 있는 큰 구멍이라고 말한 바가 있습니다. 그런데 이 구멍이 그냥 빈 채로 있는 것이 아니라 '점막'이라는 세포들로 둘러싸여 있으며, 그 한쪽에는 밖으로 통하는 구멍이 한 개 나 있는데 이 구멍이 바로 비갑개 밑쪽으로 나 있다는 것입니다. 잠깐—이 글을 읽기가 다소 지루하더라도 참고 읽어서 콧속의 구조를 알아 두는 것이 좋습니다. 축농증이 생기는 이유, 비염과 축농증의 차이, 그리고 치료방법 등을 아는 데 매우 중요하기 때문입니다.

그러면 부비동이 콧속으로 연결되는 통로를 만든 이유는 무엇일까요? 우리 몸에서 점막이 있는 곳은 반드시 밖으로 나가는 통로를 만들고 있습니다. 점막에서는 항상 분비물을 만들어내므로 이것을 밖으로 내보내야 하기 때문입니다. 그렇다면 "부비동에 점막이 없으면 될 텐데 왜 점막이 있어 가지고 말썽을 일으키느냐?"고 따진다면 할 말이 없습니다. 어떤 학자들은 부비동에 있는 점막에서 항상 분비물을 만들어 내보내고 있기 때문에 콧속을 마르지 않게 할 수가 있다고 주장합니다. 참으로 그럴듯한 말입니다.

부비동은 정상적인 사람에서도 분비물을 내보내고는 있지만 그 양이 적고 또 맑은 물이기 때문에 아무런 문제가 없습니다. 그러나 축농증에 걸리면 이 점막에 염증이 생겨서 맑던 분비물이 고름으로 변하며 상악동을 꽉

채우게 되므로 문제가 됩니다. 그러면 당연히 상악동에 왜 염증이 생기느냐고 묻고 싶어질 것입니다. 점막은 콧속부터 시작해서 목, 기관, 기관지의 맨 끝에 이르기까지 전체 호흡기를 덮고 있는데 이들은 서로 독립되어 있는 것이 아니라 모두 연결되어 있어서 한군데 염증이 생기면 다른 곳으로 쉽게 퍼집니다. 그래서 비염을 앓고 있으면 여기 있던 균들이 부비동의 입구를 통해서 안으로 들어가 축농증을 일으키는 것입니다. 코는 항상 외부의 공기와 접촉하고 있기 때문에 많은 균들이 콧속으로 들어갑니다. 따라서 콧속은 염증이 생기기가 쉽고 콧속에 생긴 염증은 다시 부비동으로 퍼지기 때문에 비염이 있으면 축농증도 잘 생기게 되는 것입니다.

4 축농증은 본래 잘 낫지 않게 되어 있다

축농증이 생기더라도 부비동 속에 들어 있던 고름이 밖으로 잘 빠져 나가기만 한다면 별 문제는 없습니다. 사람의 몸에서 생긴 고름이 밖으로 빠져 나가지 못하면 언제나 말썽을 일으킵니다. 그러나 비염이 생기면 비갑개가 붓게 되고 이 부은 갑개가 부비동에서 나오는 분비물의 입구를 막게 되므로 부비동 속에 들어 있던 고름이 빠져 나갈 수가 없어서 축농증은 잘 낫지를 않게 됩니다.

다시 말해서 비염이 있는 한 축농증은 잘 나을 수가 없는데 만성 비염은 이름 그대로 만성으로 진행되므로 축농증도 만성으로 되어 잘 나을 수가 없게 되는 것입니다. 그러나 한 가지 다행한 것은 부어 있는 비갑개가 부비동의 입구를 아주 완전히 막는 것은 아니므로 그 틈새로 고름이 흘러나와 대부분은 목 속을 통해서 위장으로 들어가며 일부는 코 밖으로 나오게 됩니다.

5 만성 비염과 축농증의 증상은 어떻게 다른가

이제 만성 비염과 축농증을 구별해야 할 차례가 되었습니다. 이 두 병을 구별해야 되는 이유는 위에 쓴 글을 읽어 보셔서 아는 바와 같이 두 가지 병이 서로 연관성은 있으나 전혀 다른 별개의 병이기 때문에 올바른 진단을 해야 되고, 또 치료방법도 마땅히 달라져야 되기 때문입니다.

그러면 먼저 만성 비염의 증상부터 알아보겠습니다. 만성 비염에는 알레르기가 원인으로 되는 알레르기성 비염이 가장 흔합니다. 이 병은 맑은 콧물이 많이 나오고 재채기를 잘하며 코가 막히는 특징을 가지고 있습니다. 그래서 이 세 가지 증상을 '3주증'이라고 부릅니다. 그러나 이외에도 코가 가려워서 코를 부비거나 손으로 코를 아래에서 위로 쓸어 올리는 경우도 흔히 봅니다.

다음으로 축농증의 증상에 대해서 알아보겠습니다. 소아에서 나타나는 만성 축농증의 증상은 사실 특별한 것도 없고 또 심한 것도 없습니다. 코에서 누런 콧물이 흘러 나오는데 한쪽 콧구멍에서 흘러 나오는 일이 많습니다. 또 기침을 하기도 하는데 이 기침은 오래 가는 특징이 있습니다. 미열이 나는 일도 있지만 별로 눈에 띄지

코가 심하게 막히면 코 주변의 혈액순환이 잘 되지 않아서 눈 밑 피부가 보라색 비슷한 어두운 색을 띠게 된다.

코를 비비면 막힌 것이 일시적으로 풀리게 되므로 자주 반복하게 된다.

코를 반복적으로 비비게 되면 나중에 콧잔등 위에 주름이 생길 수도 있다.

알레르기 비염 환자에서 볼 수 있는 특징적인 소견들

않는 경우가 많으며 냄새를 잘 맡지 못하거나 광대뼈를 눌러 보면 아프다고 말하기도 합니다. 큰 아이들은 두통을 호소하기도 하지만 소아 두통의 원인은 축농증보다는 시력이 나쁘다거나 정신적인 스트레스를 받아서 생기는 일이 더 많습니다.

요약해서 말한다면 "맑은 콧물이 나오고 재채기를 하며 코가 막히는 것은 비염 증상이고, 누런 코가 나오면서 기침을 자주 하는 것은 축농증의 증상"일 가능성이 많습니다. 따라서 그 치료도 해당 질환에 맞게 하는 일이 중요합니다.

6 축농증이 있다고 코가 막히고 재채기가 나겠는가

그러면 본론으로 들어가 봅시다. 축농증으로 치료받는 아이들 중 많은 수가 만성 비염에 의한 증상을 나타내고 있는데도 그 부모들은 축농증에 의해서 나타나는 것으로 잘못 알고 있다는 것입니다. 이 두 가지 병에서 동일하게 나타나는 증상은 콧물뿐입니다. 그런데 자세히 살펴보면 같은 콧물이라도 병에 따라서 다소 차이가 있습니다. 비염 때 나오는 콧물은 맑은 경우가 많으나 축농증 때 나오는 콧물은 더 진합니다. 또 축농증 때 나오는 콧물은 황색을 띠고 있는 것으로 알고 있으나 비염이 있을 때에도 세균 감염이 생기면 색이 누렇게 변하며, 또 감기가 들었을 때에도 일정 기간이 지나면 누런 색으로 변하기 때문에 콧물의 색깔만으로는 병을 구별하기란 어렵습니다.

콧물의 양은 만성 비염이 있을 때 더 많이 흘러 나옵니다. 그 이유는 비염이 있을 때 더 많이 생산되며 콧속에 들어 있던 콧물은 코 밖으로 흘러 나가기가 쉬운 반면 축농증이 있을 때 나오는 콧물(고름)은 콧구멍을 통해서 밖으로 나오기보다 중력에 의해서 목 아래쪽으로 넘어가기가 쉽기 때문입니다.

소아과 의사가 입 속을 진찰해 보면 고름이 목 속을 흘러서 아래쪽, 즉 위장으로 넘어가는 모양을 자주 보게 됩니다. 이렇게 아래로 흘러 내려가는 고름을 '후비루'라고 부르는데 흔히 흰색을 띠고 있으며, 이런 현상을 보면 축농증이란 진단을 내릴 수가 있습니다.

7 축농증 때문에 문제가 되는 것

지금까지 쓴 것을 읽고 축농증은 별로 중요한 병이 아니라고 생각했다면 그것은 잘못입니다. 두 가지 병을 구별하려는 목적에서 자세히 적었을 뿐 어느 병이 더 나쁘다거나 덜 나쁘다고 한 것은 아니기 때문입니다. 그러면 증상 자체만 봐서는 별로 중요할 게 없는 축농증이 호흡기 질환에서 매우 중요한 위치를 차지하고 있는 이유는 무엇일까요? 그것은 축농증 자체에 의해서 나타나는 증상 때문이 아니라 축농증이 다른 호흡기에 매우 나쁜 영향을 미치고 있기 때문입니다.

축농증이 있을 때 부비동에서 흘러나온 고름은 목 속을 통해서 아래쪽, 즉 위장으로 흘러 들어간다는 말을 한 바가 있습니다. 물론 이렇게만 된다면 아무런 문제가 없지만 꼭 그렇게 되지만은 않습니다. 사람은 항상 고개를 곧게 들고 살아갑니다. 서서 있거나 앉아 있거나 고개는 곧게 들고 있습니다. 그래서 부비동에서 흘러나온 고름은 그 무게에 의해서 아래로 흘러 내려가기가 쉽습니다.

그러나 잘 때에는 사정이 달라집니다. 사람이 누우면 목의 위치가 수평으로 됩니다. 깨어 있을 때는 목 속이 위에서 아래로 직선을 이루기 때문에 고름이 잘 흘러 내려갈 수가 있었으나 눕게 되면 이것이 수평으로 되어 흘러 가기가 어렵게 됩니다. 또 목에는 들이마신 숨은 폐로 넣어 주고 입으로 먹은 음식은 위로 넣어 주는 방향전환기가 있는데, 사람이 잘 때에는 그 능률이 떨어져서 '키'를 잘못 틀 때가 많습니다. 자다가 사래가 잘 드는 사람은 이 방향 키가 오동작을 일으키기 때문에 나타나는 현상입니다.

이처럼 부비동에서 나온 고름이 흘러 내려가기가 어렵게 되고 또 방향전환기가 둔하게 작동할 때, 즉 아이가 잘 때에는 부비동에서 흘러 나온 고름이 기관지를 통해서 폐로 들어가는 일이 많게 됩니다. 이렇게 되면 두 가지 일이 벌어집니다. 그 하나는 흘러 들어간 고름이 기관지에서 염증을 일으켜 기침을 많이 하게 되는 현상입니다. 다시 말해서 축농증이 만성 기관지염의 원인으로 되는 것입니다. 이뿐만 아니라 기관지 확장증이라는 골치아픈 병의 원인이 되기도 합니다. 다른 한 가지는 천식을 앓는 아이들에게 이런 일이 일어나면 조용히 숨어 있던 천식 증상이 갑자기 나타나거나(이를 '천식 발작'이라고 합니다), 경하게 나타나 있던 증상을 심하게 악화

족해지므로 아이가 불안해 하거나 보채고 열이 날 수가 있습니다. 이런 증상은 수일 내지 수주일 동안 계속되는데, 감염성 후두염은 X-선 검사를 하면 정확한 진단을 받을 수 있습니다. 이와 같이 후두염에 의한 호흡 곤란은 대부분 잘 호전되나 드물게 심한 호흡 곤란으로 인해 치명적인 결과를 초래할 수도 있기 때문에 세심한 관찰과 주의가 필요합니다.

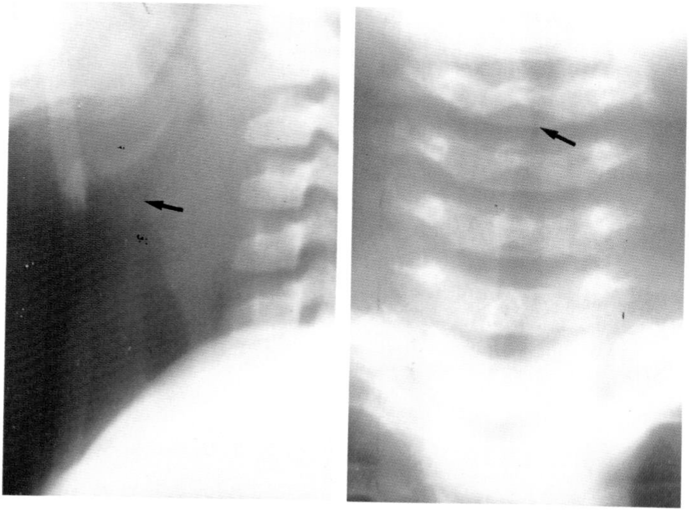

후두염의 X-선 사진
좁아진 기도를 볼 수 있다(화살표).

한편 후두염과 증상이 비슷하지만 전혀 다른 병이 있습니다. 갓난아기에게 나타나는 병으로 선천적으로 후두의 연골이 단단하지 못해서 그르렁거리는 소리가 나는 '후두 연골 연화증(선천성 후두 천명)'이 있는데, 이것과 후두염은 구별해야 합니다.

후두 연골 연화증은 출생 후 수일이나 수주일이 지나

면서부터 나타나곤 하는데, 이런 경우 숨을 들이마실 때 소리가 많이 나고 젖을 먹을 때 더 심한 소리가 납니다. 특히 감기에 걸리면 이같은 증상은 더 두드러집니다. 또 아이의 자세에 따라 증상의 차이가 날 수도 있는데, 아이를 바로 눕힐 때보다 엎드려 눕힐 때 소리가 덜 나기도 합니다. 그러나 대개 아기가 생후 6개월에서 두 살 정도로 자라면 자연히 호전되므로 크게 염려할 것은 없습니다. 다만 이런 아이들은 젖이나 우유를 먹다가 사래가 들려서 흡인성 폐렴에 걸리기 쉬우니 주의해야 합니다.

이외에도 후두염과 비슷한 증상을 보이는 것에는 기도에 이물질이 들어간 경우라든가 기관지 천식, 혈관종, 림프종 등이 있습니다.

2 급성 후두개염에 걸리면 응급 치료를 받아야 한다

감염성 후두염 가운데 세균 감염에 의한 '급성 후두개염'이란 병이 있습니다. 이 병의 증상은 후두염과 비슷한데, 이 병에 걸린 아이들은 고열이 나고 호흡이 곤란해지면서 몹시 불안해 하게 됩니다. 그리고 얼굴이 창백해지면서 맥박이 빨라지고, 파랗게 질리며 정신이 혼미해지기도 하여 제때 치료받지 못하면 생명이 위태로울 수도 있습니다.

급성 후두개염은 다른 감염성 후두염에 비해 열과 호흡 곤란 등 증상이 좀더 심하고 이런 증상들이 아주 빠르게 진행되는 특징이 있습니다. 아이의 얼굴이 새파랗

게 되면 이미 너무 늦는 경우가 많으므로, 열이 오르면서 보채기 시작하고 호흡수와 맥박수가 빨라지며 숨쉴 때 가슴이 쑥쑥 들어가면 곧바로 병원에 가서 응급처치를 받아야만 합니다. 가끔 합병증으로 목 부위에 림프절염, 중이염, 뇌막염이 오는 경우도 있습니다.

4.
기도 이물

기도 이물이란 땅콩 같은 이물질이 기도 안으로 잘못 들어가 기도를 막음으로써 기침과 호흡 곤란을 일으키는 경우를 말하는데, 돌 전후의 아기서부터 다섯 살 미만의 아이들에게 자주 발생합니다.

기도 내에 이물이 들어가 기도를 막아서 질식이나 발작적으로 기침을 하게 되면 기도 내로 이물이 들어간 것을 쉽게 알 수 있으나 기도가 약간만 막히게 되면 증상이 뚜렷하지 않아 기도 내로 이물이 들어간 것을 엄마가 잘 모르는 경우도 많습니다. 그러나 기도 내 이물은 아무리 작은 것이라 하더라도 어린이에게 심각한 호흡기 질환의 원인이 되며 심하면 사망에 이르기도 하므로 기도 이물이 있는지는 확실히 진단해야만 됩니다. 특히 나이가 어린 아이들은 손에 잡히는 것이면 무엇이든지 입으로 가져가는 버릇이 있고, 어금니가 없어 씹지 못하기 때문에 그냥 삼켜서 기도 이물을 일으키곤 합니다.

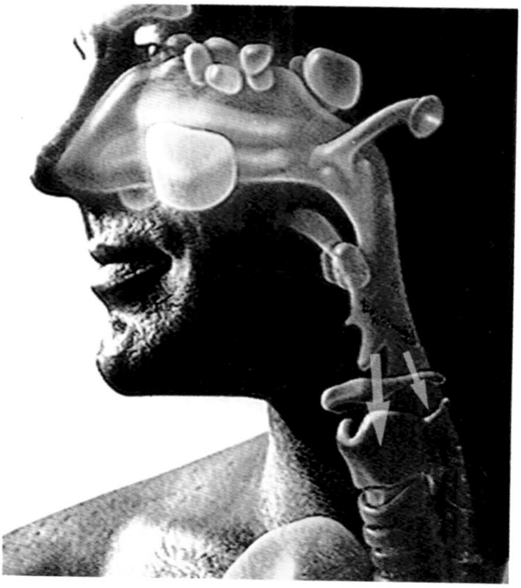

기도 이물이나 흡인성 폐렴이 생기는 이유
먹은 음식물은 입으로 해서 식도로 들어가야 되는데(작은 화살표) 잘못해서 기관지로 들어가면(큰 화살표) 기도 이물 또는 흡인성 폐렴이 생긴다.

1 상기도(목) 내에서 발생하는 기도 이물

기도 이물은 일종의 '사고'입니다. 그래서 기도 이물은 예기치 못한 상황에서 발생하고, 그 증상을 무심히 넘겨 뒤늦게 발견함으로써 병을 키우는 일이 많습니다. 따라서 어린아이를 둔 가정에서는 아이들의 손이 닿을 수 있는 곳에 아이가 삼킬 만한 물건을 두지 말도록 항상 세심한 관심을 기울여야 합니다.

상기도에서 가장 많이 발생하는 기도 이물은 풍선 조각, 플라스틱 장난감 총알, 껌부스러기 등입니다. 이것이 후두 부분에서 걸리면 기침과 호흡 곤란, 꺽꺽거리는 호흡음, 쉰 목소리가 나며 때로는 목소리가 전혀 나오지 않을 수도 있습니다. 이물의 크기가 크거나 목젖 뒤로 들어가서 기도를 막으면 얼굴이 파랗게 질리고 곧 질식하게 됩니다.

달걀 껍질, 플라스틱 장난감, 수박씨, 땅콩 등이 후두에서 좀더 아래 부분에 있는 기관 내에 걸리면 기침을 할 때 성대의 하부에 이물이 닿기 때문에 대부분 '숨을 들이마실 때' 거친 호흡음을 들을 수 있습니다. 이물질이 더 내려가서 기관의 분지부(두 개의 기관지로 나뉘는 부위)에 고정되면 기침은 멈춰지고 거친 숨소리만 나타날 수도 있습니다.

2 하기도(기관지) 내에서 발생하는 기도 이물

기관지 내 이물은 사람의 자체 방어능력 중의 하나인 기침과 재채기에 의해서 자연스럽게 도로 나와 버리는 경우도 많습니다. 하기도에서의 기도 이물은 그 원인이 다양하여 땅콩이 가장 흔하고 해바라기씨, 알약, 장난감 등이 있습니다.

이 경우 초기에는 숨쉴 때 '쌕쌕' 하는 소리를 내면서 기침을 하고, 시간이 지나면 피가 섞인 가래가 나오며 숨쉴 때 나쁜 냄새가 나기도 합니다. 또 이물이 들어갔더라도 수주일이 경과할 때까지 거의 증상이 없다시피 하는 일도 있습니다. 그래서 쇠못이 들어갔는데도 불구하고 10일이 지난 후에야 병원에서 발견한 적이 있을 정도입니다.

땅콩과 같은 식물성 이물은 서서히 수분을 빨아들여

그 크기가 커지게 되므로 더 빠져나오기가 어렵게 됩니다. 이렇게 불어나서 기도를 아주 막아 버리면 폐가 쪼그라들고 이곳이 염증의 온상이 되어 마침내 폐 손상, 패혈증, 호흡 곤란과 함께 심한 중독 증상을 일으키게 됩니다.

3 어린이가 이물을 입에 넣지 않도록 주의해야 한다

음식물 중에서 땅콩이 어린이 기도 이물의 대표적인 원인이라고 했습니다. 땅콩은 우리 주위에 흔히 있고 과자 속에도 많이 들어 있기 때문에 어린이들에서 기도 이물의 가장 흔한 원인이 됩니다. 특히 이런 음식을 먹을 때 아기를 울리면 기도에 이물이 들어가기가 가장 쉽습니다.

그리고 만약 아이가 갑자기 숨찬 증상을 보이고 쌕쌕거리는 숨소리를 내는 경우 이물을 삼킨 것은 아닌지 의심해 봐야 하며 아이가 놀았던 주변 환경에 먹다 남은 땅콩이나 과자 부스러기가 있는지 살펴보아야 합니다. 땅콩 같은 이물질이 들어갔다고 의심이 될 때에는 속히 병원으로 가서 치료를 받아야 합니다.

특히 음식을 먹다가 기침을 했는지 또는 호흡 곤란이 있었는지를 잘 기억했다가 의사에게 말해야 하며, 병원에서는 이런 병력을 근거로 해서 흉부검사와 X-선 촬영검사를 하여 기관지가 막혔는지를 확인하게 됩니다. 이렇게 해서도 정확히 알 수 없으면 기관지 내시경검사를 하여 확진한 뒤 이를 제거하게 됩니다.

5.
기관 기관지염

의학적인 지식이 없는 사람도 어떤 병 이름을 들으면 정확한 내용은 몰라도 대충 무슨 뜻인지는 짐작할 수는 있습니다. 병명은 대개 우리 몸에 이상이 있는 부위의 이름에다 그 증상의 명칭을 붙여서 부르고 있으니까요. 예를 들어 어느 부위에 염증이 발생하면 그 부위의 이름 끝에 '염'이라는 명칭을 붙여 병명으로 사용하는 것처럼 말입니다. 즉, 위장에 염증이 있으면 '위염', 폐에 염증이 생기면 '폐렴'이라고 부르고 있는 것입니다.

여기서 '기관 기관지염'이라고 하면 숨을 쉬는 통로를 형성하고 있는 부위 중에서 기관과 기관지의 일부에 염증이 생긴 상태를 말합니다.

1 잠을 못 잘 정도로 기침이 심한 아이들

기관 기관지염에 걸린 아이들은 기침소리가 유별난 게

그 특징입니다. 그래서 이런 아이들을 키우는 엄마는 “기침이 너무 심해서 애가 잠을 못 잔다” “한번 기침을 시작하면 그치질 않고 계속 기침을 한다”고 말합니다. 그리고 이런 아이들은 기침하는 소리가 마치 항아리가 깨지는 것 같은 이상한 소리를 내기도 하며 기침을 하다가 토하기도 합니다.

기관 기관지염은 초기에 보통 감기처럼 시작하여 3~4일 정도가 지나면서 기침이 나타나고 시간이 흐를수록 점점 더 심해집니다. 이때의 기침소리는 ‘그릇 깨지는 듯하고 자지러지는 듯한 소리’를 내기도 하고, ‘쇳소리’처럼 들리기도 합니다. 이 기침이 오랫동안 지속되면서 가래가 끓는 기침를 하기도 합니다. 기침이 심할 때에는 얼굴이 빨갛게 상기될 정도로 하게 되고 때로는 기침을 하다가 구토를 일으키는 경우도 있습니다.

이때 병원에 온 아이의 목을 살짝 눌러 보면 이런 기침 소리를 들을 수가 있어서 의사들은 이런 방법으로 병의 진단에 도움을 받기도 합니다.

2 충분한 수분 섭취와 습도 조절이 치료의 첫걸음

기관 기관지염은 대개 겨울철에 많이 발병하며 열 살 이하의 어린이들이 주로 걸립니다. 이 병은 바이러스 감염에 의해서 발병하는 경우가 대부분이지만 특히 국민학교에 다니는 정도의 아이들 가운데 마이코플라스마라는 균에 의해서 일어나는 경우도 점차 증가하고 있습니다.

이같은 기침은 찬 음식을 먹거나 마실 때, 자극이 강

한 냄새를 맡았을 때, 뛰어 놀거나 웃을 때에도 유발될 수 있습니다. 따라서 치료를 받을 때에는 기침을 유발시키는 찬 음식, 찬 음료 등을 먹이지 않는 것이 좋습니다.

기관 기관지염에 걸리면 대부분의 경우 기침이 2주 정도 지속되는데, 기침이 심하여 잠을 잘 자지 못할 때는 진해제(기침을 가라앉히는 약)를 먹여야 합니다. 동시에 충분한 수분을 섭취할 수 있도록 하고 실내의 습도를 조절해 주는 것이 치료의 첫걸음이라 하겠습니다.

기관 기관지염은 치료를 받으면 곧 경과가 좋아집니다만 기침이 재발하는 경우도 있습니다.

만성 기관지염은 그리 흔한 병은 아니지만 기도 이물, 공기 오염, 담배연기, 기관지 천식, 면역계의 결함 또는 기도가 손상받았거나 눌렸을 때 나타납니다.

6. 기관지염

기관지염에 걸렸을 때 나타나는 유일한 증상은 기침입니다. 그런데 기침은 기관지염뿐만 아니라 다른 호흡기 질환에서도 공통적으로 나타나는 증상이기 때문에 기침의 특징을 잘 살펴보는 것이 중요합니다.

즉, 기침이 얼마나 오래되었고, 가래가 있는 기침인지, 기침이 연속적으로 나오는지, 기침이 심할 때 다른 증상(예를 들면 천명)이 있는지, 잠을 잘 때도 기침을 하는지, 그동안 열이 났었는지 등등에 대한 세밀한 관찰이 필요합니다. 이러한 증상들이 기침의 원인을 밝히는 데 중요한 단서가 되기 때문입니다.

또한 기관지염은 염증이 기관지에만 있는 경우는 드물고 대부분 상기도의 비점막, 부비동, 인후 등이나 하기도의 기관, 세기관지 등에도 염증이 같이 생기는 경우가 많습니다. 따라서 기침에 관한 자세하고 정확한 병력은 기관지염을 진단하는 데 매우 중요한 근거가 됩니다.

1 급성 기관지염은 2~3주 내에 기침이 가라앉는다

기관지염은 급성과 만성으로 구분합니다. 급성 기관지염은 기침이 2~3주 이내에서 멈추는 것이고, 만성 기관지염은 기침이 2~3주 이상 지속되는 것을 말합니다.

급성 기관지염은 대부분 바이러스에 의해 생기고, 또는 바이러스로 손상된 점막을 통해 세균이 침투하여 세균성으로 발병하기도 합니다. 증상은 초기에는 콧물이 나오다가 3~4일쯤 지나면 기침이 시작됩니다. 또 처음에는 가래가 없는 마른 기침만 하지만 점차 가래가 같이 나오고, 때로는 누런 가래가 나오며 기침 때문에 구토가 일어나기도 합니다.

보통 2~3주 이내에 기침이 가라앉는데, 기침이 계속되거나 다른 증상이 나타날 때에는 폐렴이나 천식 또는 부비동염(축농증)이 있는지 살펴보아야 합니다. 치료는 바이러스인 경우에는 대증요법을 시행하고 세균성인 경우 적절한 항생제를 투여하면서 대증요법을 쓰면 효과적으로 치료할 수 있습니다.

대증요법으로는 휴식을 취하게 하고 담배연기와 같은 해로운 공기로부터 격리시키며, 아주 심한 상태가 아니라면 기침약을 많이 쓰지 않는 게 좋습니다. 우리가 기침을 병의 한 증상으로만 알고 있지만 사실 기침은 우리 몸을 보호하는 기능도 함께 가지고 있기 때문입니다. 즉, 기침은 기도를 깨끗하게 해주고 해로운 흡입 물질을 몸 바깥으로 배출시키는 유익한 역할도 하는 것입니다.

2 만성 기관지염은 커서 호흡기 증상을 재발시킨다

만성 기관지염은 어린이들에게 그리 흔한 병은 아닙니다. 3주 이상 가래가 있는 기침을 하는 아이들 가운데에는 상기도염(감기)의 재발로 판명되는 경우도 많이 있습니다. 그러므로 가래를 동반한 기침이 오래되었다고 반드시 만성 기관지염이라고 단정할 수는 없습니다. 그리고 만성 기관지염은 단독적으로 생기기보다는 다른 병의 일부로 함께 생기는 경우가 많습니다. 만성 기관지염은 기도 이물, 공기 오염, 담배연기, 기관지 천식, 면역계의 결함 또는 기도가 손상받았거나 눌렸을 때 나타납니다. 그러므로 이 병의 치료는 먼저 원인을 제거하는 일이 필요하며, 가래 배출을 도와주기 위해서 호흡물리요법을 실시하거나 거담제를 먹이는 방법을 씁니다.

만성 기관지염은 회복이 되더라도 오랜 기간이 지난 후에 후유증을 가져올 수도 있습니다. 예를 들면, 어렸을 때 만성 기관지염을 앓았던 아이는 어른이 되어서 폐기능이 감소한다거나 호흡기 증상이 재발하고, 또는 노년기에 만성 기관지염이 재발하는 일이 많습니다. 그 이유는 소아기 단계에서 기관지가 만성 기관지염으로 손상을 받아 정상적인 기능을 할 수 있는 구조로 자라지 못하기 때문입니다.

그러므로 부모들이 항상 관심을 기울여 어려서부터 기관지가 정상적으로 성장할 수 있도록 돌보아 주는 것이 매우 중요합니다. 그러나 만성 기관지염에 걸렸을 경우 초기에 소아과 전문의의 정확한 진단을 받고 적절한 치료를 받으면 후유증을 예방할 수 있는 경우가 많습니다.

7.
세기관지염

세기관지염이란 여러 갈래로 나뉘어진 기관지 중 가장 작은 기관지에 바이러스가 들어와 생긴 염증을 말합니다. 염증이 생기면 기도 점막의 점액(가래)등 분비물이 쌓이고 부종에 의해 기관지들이 좁아져 막히게 됩니다. 그러면 들이마신 공기가 다 나가지 못하고 일부분 남아 있어 폐가 늘어나고, 또 호흡이 원활치 못해 산소 부족이 생기므로 호흡 곤란과 숨찬 증상이 나타나면서 쌕쌕거리고 기침을 하게 됩니다.

1 두 살 이하의 아기들에서 생기는 병

세기관지염의 원인은 대부분 바이러스입니다. 그중에서도 RS 바이러스가 가장 흔하고 이밖에 파라인플루엔자 바이러스, 아데노 바이러스, 인플루엔자 바이러스에 의한 경우도 있습니다.

세기관지염은 두 돌 전의 어린아이, 특히 생후 6개월 전후의 아기들이 잘 걸리며, 겨울과 이른 봄에 유행합니다. 이 병에 걸린 아이는 감기처럼 시작하여 수일 후에 급성으로 발작적인 기침을 하게 되고, 호흡이 빨라지고 숨을 내쉴 때 흔히 천명(쌕쌕거리는 소리)이 들리기도 합니다. 이러한 기침과 호흡 곤란은 발병한 후 2~3일 동안에 가장 심하게 나타납니다.

일반적으로 열은 그다지 높지 않은 편인데 호흡 곤란이 심해지면 점차 호흡이 얕고 빨라집니다. 이때 몸에 탄산가스가 축적되면서 산소 부족 현상이 뚜렷해지면 코를 벌렁벌렁하거나 가슴벽이나 명치 끝이 쑥쑥 들어가는 모습을 볼 수 있습니다. 이런 증상이 나타나면 호흡 곤란이 심한 것을 뜻하므로 즉시 소아과 전문의에게 진찰을 받아야 합니다.

세기관지염을 앓는 아이들은 자주 보채고 음식을 먹지 않거나 토하기도 하며, 더러는 무호흡증이 지속되거나 탈수증상, 산혈증 등이 나타나 생명이 위험한 경우도 있습니다.

2 기침과 호흡 곤란이 가장 위험하다

일단 세기관지염에 걸린 아이는 머리와 가슴을 약간 올린 자세로 편안하게 해주는 것이 좋습니다. 또 먹을 수 있다면 경구용 전해질 용액(소금과 물을 적절히 타서 만든 먹는 링겔액 : 약국에서 살 수 있음)과 같은 수분을 먹여 탈수를 막아 주고, 산소를 투여하는 등 대증요법으로 치료하면서 세균성 합병증이 생기지 않도록 치료하게 됩니다.

그러나 미숙아, 생후 1개월 이내의 갓난아기, 고열이 있는 아이, 호흡이 점점 빨라져서 호흡 곤란과 탈수 증상이 심한 아이, 선천성 심장병 등 만성병이 있는 아이들은 즉시 입원 치료를 받아야 합니다.

일반적으로 세기관지염은 기침과 호흡 곤란이 생긴 뒤 2~3일째가 가장 위험하며, 이때를 잘 넘기면 서서히 회복됩니다. 가끔 합병증으로 기관지 폐렴, 중이염 등에 걸릴 수가 있으며, 드물게 세기관지가 영구적으로 폐쇄되면 치명적인 결과를 가져올 수도 있습니다.

또 이 병은 기관지 천식과 관련된 경우가 종종 있는데, 특히 자주 재발하는 천명과 아토피 피부염을 동반한 경우에는 세기관지염이라기보다는 영아 기관지 천식인 경우가 많습니다. 따라서 세기관지염을 단순한 감기로 생각하지 말고 제때에 정확한 진단과 적절한 치료를 받는 것이 중요합니다.

8.
폐 렴

호흡기는 코에서 시작하여 인두, 후두, 기관, 기관지, 세기관지를 거쳐 폐포와 폐실질에 이르는 부분을 말합니다. 폐렴이란 이같은 호흡기의 가장 말단 부위인 폐포와 폐실질 조직에서 일어나는 염증을 말합니다(49페이지의 그림 참조).

폐렴의 특징적인 증상에는 기침, 가래, 호흡 곤란, 발

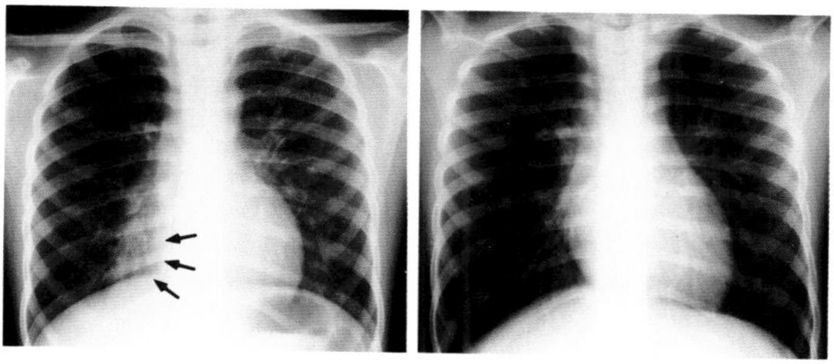

흉부 X-선 사진

폐렴(왼쪽 사진, 화살표 부위) 환자가 치료 후에 좋아져서 정상(오른쪽 사진)으로 된 흉부 X-선 사진.

열, 숨소리의 이상 등이 있습니다. 소아과에 가면 청진기로 가슴을 진찰하여 이 병을 판단하며, X-선으로 가슴 부위를 촬영하여 폐렴 여부를 진단하게 됩니다.

폐렴을 일으키는 원인에는 여러 가지가 있지만 그중에서도 각종 세균과 마이코플라스마, 바이러스, 곰팡이, 이물질, 알레르기 등으로 인해 발병하는 경우가 대부분입니다. 그리고 폐렴은 대개 환자와 직접 접촉을 한다거나 기침을 할 때 튀어나오는 침방울에 의해 감염되곤 합니다.

1 왜 어떤 아이는 폐렴에 잘 걸리게 되는가

폐렴을 일으키는 원인이 우리가 늘상 숨쉬는 공기 중에 떠도는 균이라면 왜 어떤 아이는 감기를 덜 앓고, 또 어떤 아이는 감기를 앓으면 열이 나고 가래가 끓으면서 폐렴으로 발전하는 것일까라는 의문이 생기게 됩니다. 이렇게 되는 이유는 그 어린이가 기본적으로 갖고 있는 여러 가지 요인 때문에 그런 것입니다.

폐렴은 대개 큰 아이들보다 미숙아, 신생아, 영아에게서 더 많이 발생하고, 비위생적인 환경이나 과밀 환경에서 생활하거나 홍역 등의 전염성 질환이 돌고 있을 때 더 자주 발생합니다. 특히 면역 기능이 떨어져 있는 어린이에게 잘 일어나고, 호흡기의 기형이나 악성 질환을 앓고 있거나 의식 장애에 빠져 있을 때, 심장 질환을 앓고 있을 때, 영양 상태가 나쁜 어린이에게 주로 발생합니다. 이외에 요즘 날로 심각해 가고 있는 환경 공해도 어린이들의 폐렴을 유발하는 한 요인이라고 할 수 있습니다.

2 폐렴의 치료 방침

병원에 오는 엄마는 누구나 아이가 어떤 병에 걸렸으며, 그 병이 심한지 가벼운지를 제일 먼저 알고 싶어합니다. 물론 아이가 아팠을 때 이러한 것들이 가장 궁금한 내용일 것입니다.

폐렴은 의학적으로 여러 가지로 분류할 수가 있습니다. '해부학적인 분류'란 병변 부위의 넓고 좁음에 따라 대엽성 폐렴과 소엽성 폐렴, 간질성 폐렴, 기관지 폐렴 등 네 가지로 분류하는 방법입니다.

또 아이의 폐렴이 바이러스에 의한 것인지, 세균에 의한 것인지, 또는 마이코플라스마 등에 의한 것인지에 따라서도 분류를 하고 있는데 이를 '원인적인 분류'라고 부릅니다. 이외에도 폐렴이 급성인지, 만성 또는 재발성인지 등으로도 분류하며, 아이의 연령별, 선행 질환별 분류를 해서 치료 방향을 정하기도 합니다.

그러면 폐렴에 걸렸을 때 치료는 어떻게 하는 것일까? 엄마들은 폐렴이라고 하면 무조건 입원 치료를 받아야 한다고 지레짐작하는데 다 그런 것은 아닙니다.

병이 심하지 않다면 우선은 안정을 취해 주고 적절하게 수분을 섭취하도록 해야 합니다. 또 영양을 유지시키기 위해 제때 제때 식사도 챙겨야 하고, 방안의 습도를 약간 높여 주면서 병원에서 처방해 준 약을 꼬박꼬박 챙겨 먹이는 것이 폐렴을 치료하는 기본입니다.

이렇게 했는데도 식욕이 너무 떨어져 아이가 아무 것도 먹지 못하고, 열도 내리지 않고 가래가 심하여 숨쉬기가 곤란하다든지 기침을 너무해서 토하는 증상이 있으면 입원을 고려하게 되는 것입니다. 또한 폐렴의 원인에 따라 병이 급격히 진행되는 경우에는 입원 치료가 필요하기도 합니다.

가끔 상태가 너무 심하면 기도에 튜브를 꽂고 인공호흡을 해야 하는 경우도 있지만 이런 경우는 흔하지 않습니다. 그러나 치료를 하는 중에도 기관지 확장증, 늑막염, 농흉, 기흉, 패혈증, 뇌증, 호흡부전증 등의 합병증이 나타나기도 하며, 때에 따라서 생명을 잃는 경우도 생길 수 있습니다.

자주 재발하는 천명과 아토피 피부염을 동반한 경우에는 세기관지염이라기보다는 영아 기관지 천식인 경우가 많습니다.

9. 기관지 천식

최근 들어 기관지 천식 환자가 급격히 증가하고 있습니다. 그 이유는 여러 가지로 설명할 수 있겠지만 모유 대신 우유를 먹이고, 이유식을 조기에 사용하는 것과 더불어 생활 양식의 서구화(침대, 카펫, 커튼 사용과 아파트 거주) 및 대기오염 등이 그 원인으로 지적되고 있습니다. 이런 다양한 원인들에 의해 기관지 천식의 빈도는 어린이의 5~15%에 이르고, 이런 추세는 해마다 빠른 속도로 늘어나고 있습니다.

그러면 기관지 천식이란 어떤 병인가? 이에 대한 답을 알기 위해서는 먼저 알레르기를 이해해야 합니다. 왜냐하면 기관지 천식의 원인은 알레르기 반응에 의한 경우가 많기 때문입니다.

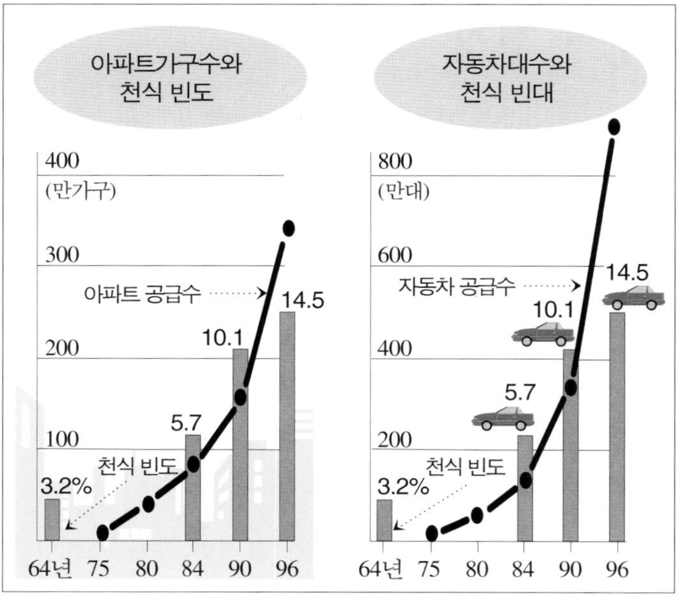

우리나라 소아 천식빈도의 변화

1 기관지 천식은 알레르기에 의해서 오는 경우가 많다

우리 몸은 원래 외부로부터 침입해 오는 병균들을 막아내어 건강을 유지시키는 고유한 기능을 가지고 있습니다. 이러한 방어 역할을 담당하는 것을 '면역계'라고 하는데, 어떤 사람에게는 이 면역계가 지나치게 반응하여 우리 몸에 해롭게 작용하는 수가 있습니다. 즉, 알레르기가 있는 사람은 대부분의 사람들에게는 전혀 해가 되지 않는 물질에 대해서도 이 면역계가 과민반응을 일으키게 되는 것입니다.

이렇게 알레르기를 일으키는 원인 물질을 '알레르겐

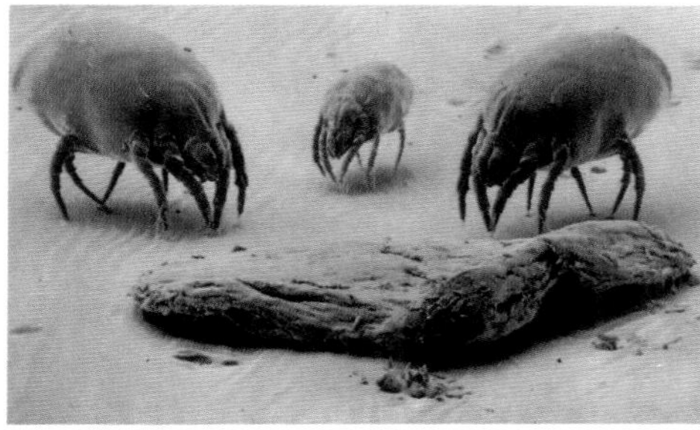

먼지진드기와 비듬
기관지 천식의 가장 흔한 원인이 되는 먼지진드기는 사람의 비듬, 곰팡이 및 세균 등을 먹고 산다. 사진은 비듬의 크기와 먼지진드기의 크기를 비교해 본 것이다.

(항원)'이라고 합니다. 알레르겐 가운데 가장 흔한 것은 집먼지 진드기이며, 이밖에 거의 모든 물질이 알레르겐으로 작용할 수 있으나 대표적인 것으로는 꽃가루, 곰팡이, 바퀴벌레, 동물의 털, 식품, 약물 등입니다.

이런 물질(알레르겐)이 우리 몸에 들어오면 이 물질에 대한 특수한 항체(알레르기와 관계되는 항체는 면역글로불린 E라고 하는 항체임)를 만들게 되고, 동일한 알레르겐이 다시 들어오면 몸 속에 만들어져 있던 면역글로불린 E 항체가 알레르겐과 반응하여 알레르기 반응을 일으키게 됩니다.

이때 알레르기 반응이 일어난 신체 부위 및 임상 양상에 따라 기관지 천식이라든지 알레르기성 비염, 아토피 피부염(태열), 알레르기성 결막염, 두드러기, 식품 알레르기 등이 일어나는 것입니다.

기관지 천식은 기관지가 예민한 상태에서 알레르기 반응이 일어난 경우를 말합니다. 그래서 이런 반응이 일어나면 예민한 기관지가 쉽게 오므라들어 기도가 좁아지게 되고, 또 알레르기성 염증 때문에 기관지 내부가 부어오

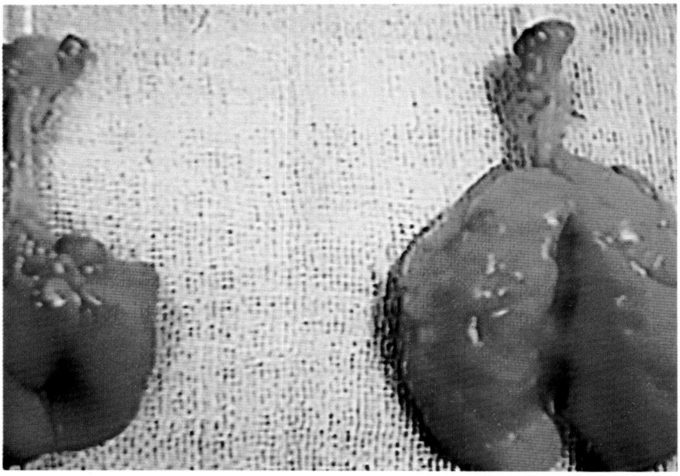

기관지 천식에 의해서 부풀어 오른 폐

기관지 천식은 기관지가 막히기 때문에 생기는 병이다. 기관지가 막히면 폐가 부풀어 오른다. 이 사진은 실험적으로 천식을 만든 쥐의 폐를 보인 것인데 오른쪽의 큰 폐가 천식 폐이고 왼쪽의 작은 폐가 정상적인 쥐의 폐이다.

르고 가래가 나오면서 기관지는 더욱 좁아지게 됩니다. 이렇게 되면 환자는 기침을 하게 되고 숨쉴 때 쌕쌕거리는 소리가 나며, 산소 공급이 잘 안돼서 숨이 차게 되고 호흡은 점점 더 어려워지게 됩니다.

기관지 천식을 앓는 아이들이 치료를 받으면 일시적으로 이런 증상이 없어지기는 하지만 원인 물질이 다시 몸에 들어오면 같은 현상이 반복적으로 나타날 수 있으므로 원인 제거가 매우 중요합니다. 또 기관지 천식이 있는 아이는 비단 기관지 천식의 원인이 되는 알레르겐뿐만 아니라 감기, 운동, 기후의 변화, 찬 음식, 찬 공기, 담배 연기, 오염된 공기, 향수, 페인트 냄새, 정신적인 스트레스 등과 같은 여러 요인에 의해서도 천식 증상이

를 최소한으로 사용하더라도 증상이 악화되지 않고 약물에 의한 부작용이 없도록 하는 데 두고 있습니다.

이러한 목표를 달성하기 위해서 소아과 전문의들은 다음의 네 가지 방법을 적절히 조합하여 치료하게 됩니다.

첫번째, 먼저 부모와 어린이 모두 기관지 천식에 대한 올바른 이해를 갖도록 하는 것입니다. 기관지 천식에 대한 일반적인 내용은 물론 치료에 대한 구체적인 내용도 함께 상의하고 이해하는 자세가 치료의 선결과제이기 때문입니다.

두번째는, 실제 치료 과정에서 가장 많이 쓰는 약물요법에 관한 것입니다. 증상의 정도나 급성 또는 만성에 따라서 차이가 있지만 치료의 목표는 약물의 적절한 사용에 두고 있습니다. 약물요법에 사용되는 약들은 약의 효능과 투여방법에 따라 여러 종류가 있습니다.

기관지 천식에 사용되는 약의 종류에는 기관지 확장제, 항염증제, 예방약제 등이 있습니다. 그러나 증상의 정도와 병의 진행 상황에 따라 약의 종류와 투여량을 조절하여야 하므로 소아과 전문의의 지시에 따라 올바로 사용해야만 합니다.

요즘은 먹는 약 대신에 가능하면 기관지 속으로 직접 투여하는 '흡입 약물'을 많이 사용하고 있습니다. 이 방법은 적은 용량으로도 빠르고 확실한 효과를 거둘 수 있으며 부작용이 적다는 장점이 있습니다. 흡입 약물의 종류에는 기관지확장제, 스테로이드제, 항콜린제가 있으며 이들 약물이 여러가지 형태(에어로졸, 분말 또는 액체)로 판매되고 있습니다. 또한 흡입약물은 흡입하는 방법에 따라 정량분무식 흡입제(기), 분말흡입제(기) 및 네

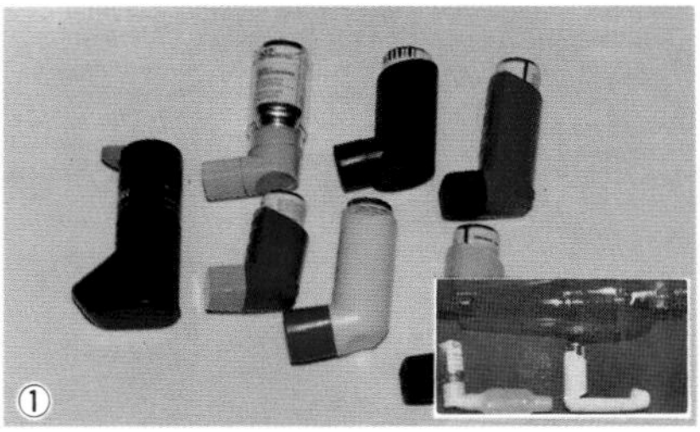

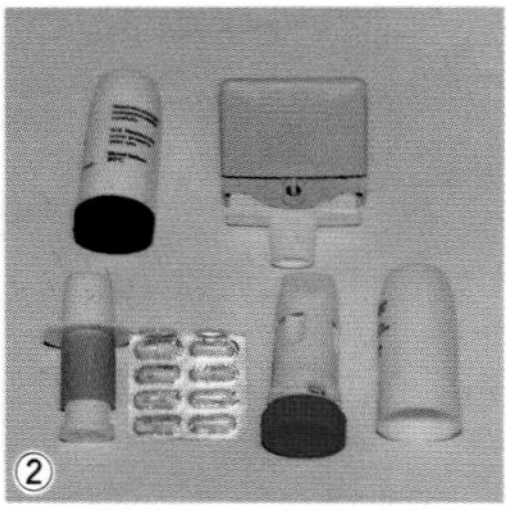

천식 치료에 사용되는 흡입 약물

① 정량분무식 흡입제와 보조기구인 스페이서(작은 사진).
② 분말 흡입제.
③ 네뷰라이져에 사용되는 액체 약물과 네뷰라이져를 이용하여 약물을 흡입하고 있는 어린이 모습.

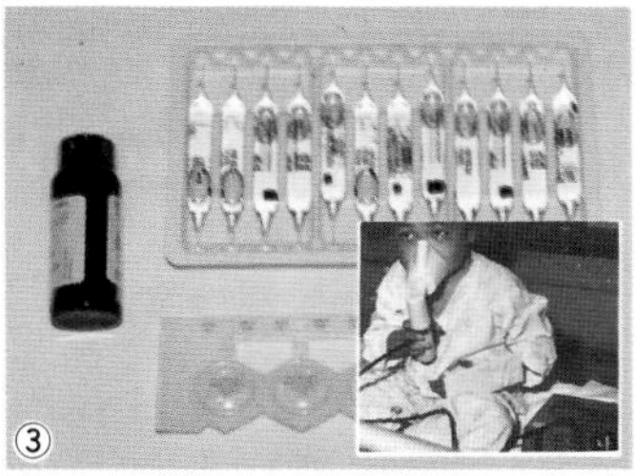

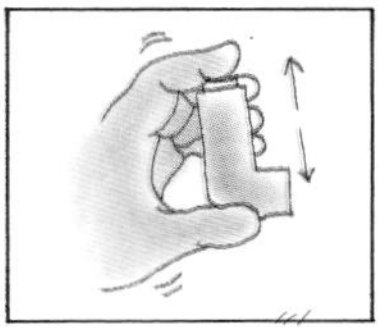

1. 사용하기 전에 통을 잘 흔든다.

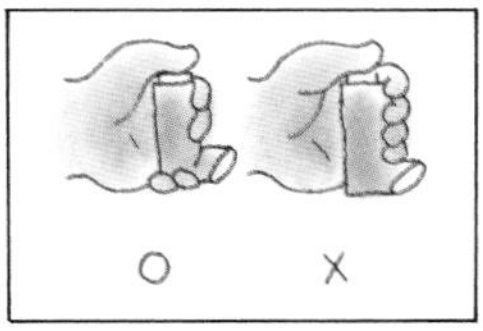

2. 누를 때 통이 미끄러지지 않도록 넷째와 다섯째 손가락으로 통의 밑을 받친다. 네 손가락으로 통을 집지 말 것(오른쪽 그림).

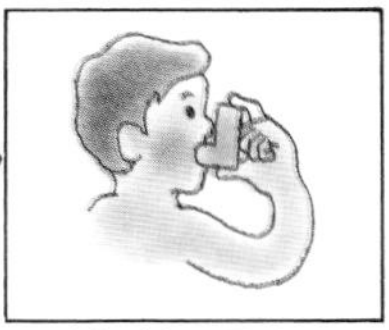

3. 이와 입술로 통의 주둥이를 가볍게 문다.

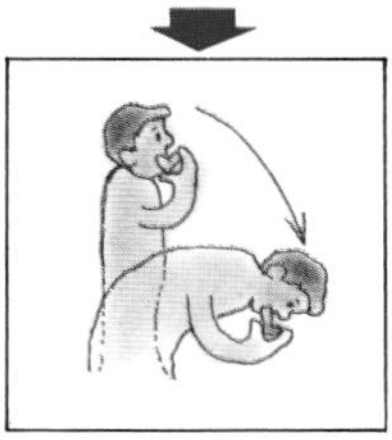

4. 숨을 최대한으로 내쉰다. 이렇게 하기 위해서는 자연히 상체를 아래로 굽혀야 한다. 마치 "숨쉬기운동"을 할 때와 같은 자세가 된다.

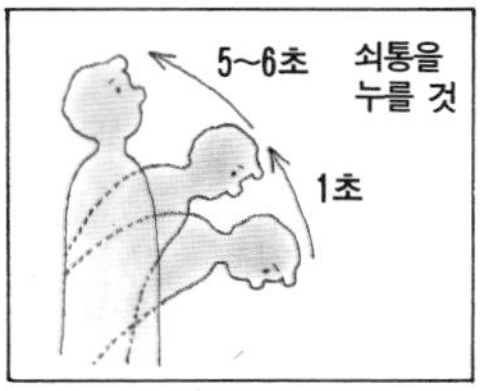

5. 숨을 아주 천천히 들이마시기 시작한지 약 1초 후, 쇠통을 눌러 약을 분사시킨다. 이때 숨을 멈추거나 숨을 빨리 들이마셔서는 안 된다.
6. 통을 누른 뒤에도 숨을 아주 천천히 5~6초 간에 걸쳐서 들이마신다.

7. 숨을 완전히 들이마셨으면 10을 셀 동안 약 10초간 숨을 참는다.

흡입기(에어러졸)의 올바른 사용방법

뷰라이저 형태가 있습니다(172 페이지 참조). 따라서 이 방법을 가정에서 사용하는 데는 약간의 어려움이 있으나 병원에서 사용방법을 익혀두면 도움을 받을 수 있습니다. 또다른 치료방법으로서 면역요법이 있는데 현재 이 방법은 모든 기관지 천식 환자에게 사용하지 않고 꼭 필요로 하는 경우에 한하여 실시되고 있습니다.

세번째는, 기관지 천식 발작과 밀접한 관계가 있는 생활환경을 바꿔 주는 환경조절요법입니다. 즉, 기관지 천식 어린이의 주위 환경이 기관지 천식을 유발하거나 악화시킬 경우 이러한 환경을 바꾸고 개선하여 천식 발작을 줄이고 증상을 최소화할 수 있도록 하는 것입니다.

기관지 천식과 관련이 있는 환경 요인에는 기압, 기온, 습도와 같은 기후 조건 등 여러 가지 요인이 있습니다. 이 가운데서 실내환경을 개선하고 원인항원을 줄이거나 피하도록 하면 아이들의 기관지 천식을 예방하거나 치료할 수가 있는 것입니다(174 페이지 참조).

물론 표에 기술된 방법 이외에도 여러 가지가 있을 수 있습니다. 그렇지만 이런 예에 준하여 생활 환경을 바꿔 주면 기관지 천식의 치료에 매우 효과적입니다.

마지막으로는, 체력단련을 하도록 하는 방법이 있습니다. 이 방법은 기관지 천식 치료에 간접적인 영향을 줌과 동시에 정신적인 효과도 거둘 수 있기 때문에 환자나 부모에게 많이 권장하고 있습니다. 체력단련을 위한 운동으로는 특히 수영이 좋고, 이밖에 호흡운동을 증진시키는 천식체조를 해도 효과가 좋습니다. 다만 체력단련은 꾸준히 장기간 실시해야만 효과가 있다는 사실을 알아야 될 것입니다.

기관지 천식이 있는 어린이를 위한 환경조성의 예

1. 이불은 자주 햇빛에 널어 말리며 이불은 가능하면 삶아서 세탁한다.

2. 헝겊으로 된 소파나 카펫을 사용하지 않는다.

3. 베개나 매트리스는 비닐로 싸서 사용한다.

4. 강아지나 고양이 등 애완동물을 키우지 않는다.

5. 꽃가루가 날릴 때나 공기 오염이 심할 때에는 출입문과 창문을 닫아 놓는다.

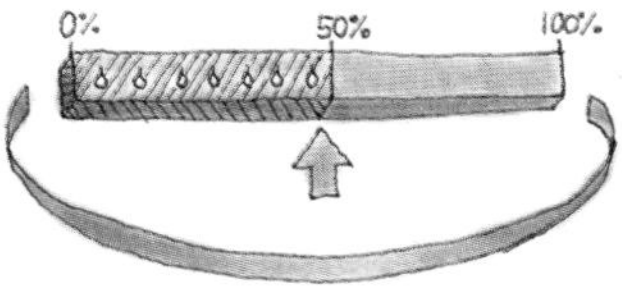

6. 실내 습도를 50% 정도로 유지하여 집먼지 진드기와 곰팡이가 자라지 못하게 한다.

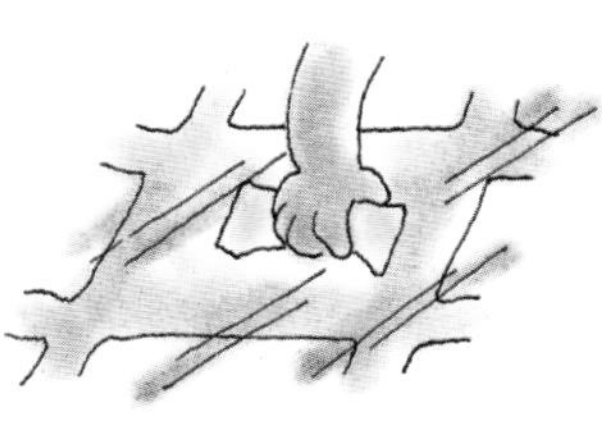

7. 방바닥은 장판방으로 하고 매일 닦는다.

8. 아이가 있는 실내에서는 담배를 피우지 않는다.

①

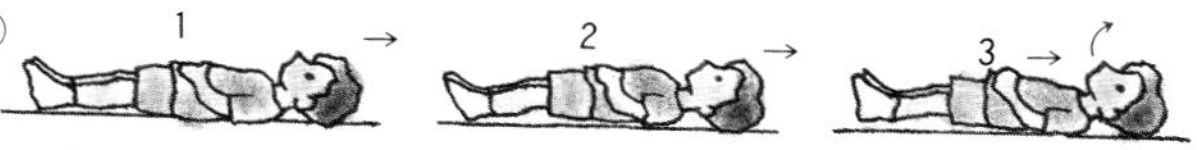

① 심호흡 운동(누운 상태에서 5번 반복)

1. 입은 다물고 양손을 맞잡은 뒤 코로 숨을 천천히 들이마신다. 2. 이때 가슴이 부풀어 오르는 것을 막으려는 듯이 힘을 주면서 2~3초 걸려서 천천히 들이마신다.
3. 숨을 내쉴 때는 배로 횡격막을 밀어 올리듯이 하면서 입으로 내쉰다.

②

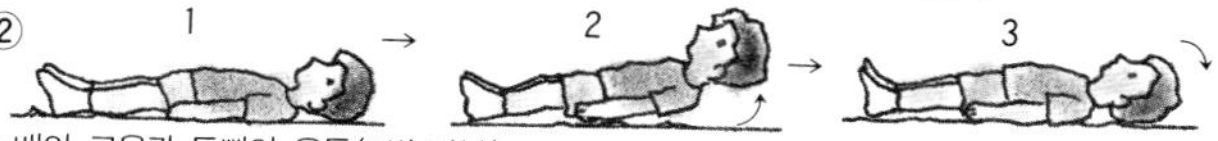

② 배의 근육과 등뼈의 운동(5번 반복)

1. 똑바로 눕는다. 2. 머리와 어깨를 들어올린다. 3. 이때 다리는 바닥에서 떼지 말 것.

③

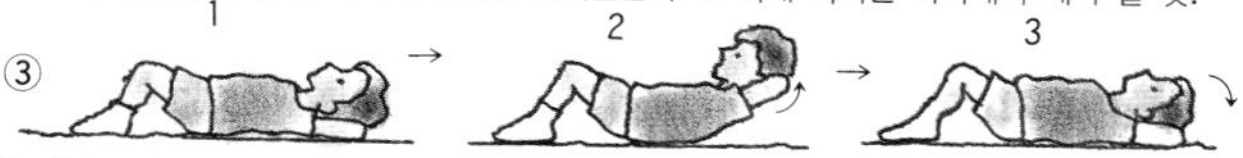

③ 배와 등의 근육운동

1. 무릎을 굽히고 팔은 구부려 머리 밑에 댄다. 2. 무릎이 보일 때까지 가슴을 들어올린다.
3. 5번 반복한다.

④

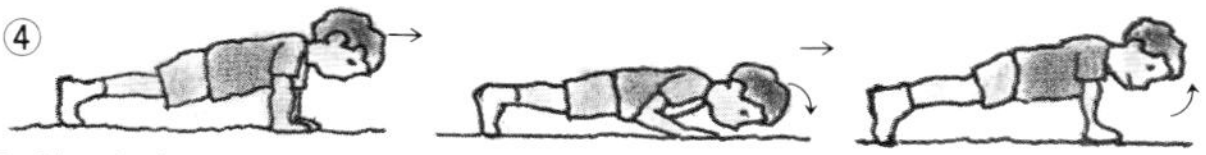

④ 엎드려 팔 굽혔다 펴기(5번 반복).

⑤

⑤ 배와 등의 근육운동(5번 반복한 뒤 ⑥,⑦로 진행함).

1. 다리를 벌리고 머리 뒤에서 양손을 잡는다. 2. 발은 고정시킨 대로.
3. 상반신을 좌우로 돌린다. 4. 이때 팔은 뒤로 벌리는 듯한 자세를 취한다.

⑥

⑥ 다리를 모은 후 몸을 앞뒤로 구부린다(5번 반복).

⑦

⑦ 서서 심호흡을 한 뒤 다리는 약간 벌리고 팔을 들어 올리면서 그림처럼 뒤로 젖혀 벌린다. 이때 숨을 들여 마시고 다시 팔을 앞으로 하여 가슴을 싸안듯이 하면서 숨을 내쉰다. 이 동작을 3~4초 걸려서 한다.

천식체조

10. 결핵

'결핵'이라고 하면 아주 오래 전 못살던 시절에나 유행했던 병으로 치부해 버리는 경우가 많습니다. 물론 결핵이 옛날처럼 심각하지는 않으나 아직도 많은 어린이들이 결핵을 앓고 있습니다.

보건복지부와 대한결핵협회의 조사에 의하면 우리나라의 결핵 유병률은 1965년 5.1%에서 점차 감소하여 1990년에 1.8%를 기록했으나 최근 들어 다시 증가하고 있다고 합니다. 결핵을 단순히 '후진국 병'으로만 생각하고 '생활 수준이 높아진 지금에 무슨 결핵이 있으랴' 하고 방심해서는 안되겠습니다.

1 소아 결핵은 증상이 나타나지 않는 경우가 많다

어린이가 결핵에 걸리면 발열, 기침, 식욕 부진 등이

나타나면서 늘어나던 체중이 멈춘다거나 잦은 감기 증세를 보입니다. 그러나 아무런 증상도 보이지 않는 경우도 많습니다. 이렇게 증상이 없다 보니 진단이 늦어지는 경우도 있으며 치료가 조기에 시행되지 않아 결핵이 전신으로 퍼져 심각한 결과를 초래하기도 합니다. 그러므로 소아 결핵을 조기 진단하고 합병증을 막기 위해서 어린이가 어떤 경로로 결핵에 걸리는지, 또 결핵을 예방할 수 있는 방법이 무엇인지를 알아두어야 하겠습니다.

먼저 결핵은 어떻게 걸리게 되는지 알아보겠습니다.

어린이는 주로 성인의 가래(객담)에 의해 직접 감염되는 수가 많습니다. 다시 말해서, 어린이가 결핵에 걸리는 이유 중 첫번째 원인은 가족이나 친척 중에 결핵 환자가 있는 경우입니다. 또 아주 드문 경우이긴 하지만 임산부가 결핵 환자일 경우 태반이나 양수에 침투한 결핵균에 의하여 태아가 자궁 내에서 혹은 분만 도중에 감염되기도 합니다.

따라서 아이의 결핵 여부를 진단하기 위해서는 먼저 가족과 친척, 동거인 가운데 결핵 환자가 있는지, 또는 이들이 환자와 접촉한 일이 있는지를 확인해 보아야 합니다.

그리고 병원에서 결핵 반응검사와 가슴 부위의 X-선 촬영을 통해 결핵을 확인하는 방법이 있습니다.

2 소아 결핵은 흉부 X-선 사진에 이상이 없는 경우가 많다

어린이들이 처음으로 결핵에 걸리면(첫 감염) 초기에

는 대부분 흉부 X-선 사진을 찍어도 아무런 이상 소견이 없거나 폐문 림프절만이 커져 있는 것을 볼 수 있습니다. 이런 환자는 3개월에서 12개월이 지난 뒤에 흉부 X-선 검사를 다시 해보면 희끗희끗하게 석회화된 것이 보입니다. 이렇게 석회화된 부위는 시간이 지나면서 자연히 낫거나 한동안 가만히 있다가 어린이의 저항력이 약해지면 재발하기도 합니다.

그러나 드물게 첫 감염중에 결핵균이 피를 통해서 전신으로 퍼져서 '속립성 결핵'과 '결핵성 뇌막염' 등으로 발전하기도 합니다. 속립성 결핵과 결핵성 뇌막염은 보통 첫 감염 후 3개월 내지 6개월 내에 잘 발생하며, 다섯 살 미만의 어린 아이들에게서 특히 많이 발생됩니다. 이런 결핵들은 치명적이며 치유되어도 후유증을 많이 남기기 때문에 신생아 때 BCG(결핵 예방주사)를 맞혀 이런 심한 결핵을 예방하는 게 좋습니다.

3 소아 결핵의 진단은 결핵반응검사가 중요하다

어린이들은 결핵에 걸리더라도 증상이 뚜렷하지 않고 흉부 X-선 검사에서도 이상 소견이 잘 나타나지 않아 진단이 어렵습니다. 그래서 소아에서는 결핵반응검사가 결핵을 진단하는 데 중요합니다.

결핵반응검사는 검사 시약을 팔 안쪽 하단에 피내 주사를 하여 48~72시간이 지난 뒤 그 반응을 판독하는 방법입니다. 그런데 결핵균에 감염됐다고 하여 바로 그 순간부터 결핵 반응이 나타나는 건 아닙니다. 감염 후

결핵 반응이 나타나기까지는 2~10주(평균 6주) 정도가 지나야 됩니다. 따라서 이 기간 중에 검사를 하면 음성 반응이 나타날 수도 있습니다.

이외에 검사를 해도 반응이 안 나타나는 경우가 있습니다. 예를 들어 '결핵성 뇌막염'이나 '속립성 결핵'같이 아주 심한 결핵인 경우에는 도리어 반응이 나타나지 않을 수도 있습니다. 또는 6개월 미만의 영아라든가 홍역, 전염성 단핵구증, 인플루엔자, 백일해 등의 감염성 질환을 앓고 있다거나 앓고난 직후에도 그럴 수 있습니다. 그리고 극도의 영양실조, 탈수, 면역억제제를 사용하고 있을 때에도 반응이 나타나지 않습니다. 이런 아이들은 결핵에 감염되어 있더라도 결핵반응검사에서 음성반응을 보일 수 있습니다.

결론적으로, 결핵의 진단에 결핵반응검사가 중요하긴 하지만 이 검사가 음성반응으로 나타났다 하더라도 결핵에 걸리지 않았다고 단언할 수 없다는 것입니다. 따라서 한번 음성으로 나타났더라도 결핵이 의심될 때에는 검사를 다시 해보는 일이 매우 중요합니다.

양성 반응이 소아의 결핵 진단에 중요하나 BCG 접종에 의해서도 양성 반응이 나타날 수 있으므로 주의해야 합니다. 이런 경우에 양성 반응이 결핵의 감염에 의한 것인지, BCG 접종에 의한 것인지, 또 치료를 하여야 되는지 말아야 되는지는 제반 사항을 종합하여 소아과 전문의가 결정하게 됩니다. 그러나 결핵이 조금이라도 의심될 때에는 BCG 접종 여부에 관계없이 약을 복용하는 것이 바람직합니다.

왜냐하면 결핵을 치료하지 않았을 경우 발생되는 후유

증에 비하면 약에 의한 부작용은 아주 가볍기 때문입니다.

또 부모들이 알아두어야 할 점은 결핵에 감염된 아이가 홍역이나 인플루엔자, 백일해 등에 걸리면 결핵이 악화될 수도 있습니다. 그래서 아이에게 홍역 예방접종을 시킬 때에는 결핵반응검사를 받아서 결핵에 걸리지 않은 것을 확인한 뒤 예방접종을 해야 합니다.

4 결핵은 예방이 중요하다

크게 걱정하지 않던 결핵에 대해 살피고나니 약간의 두려움이 생기셨을지도 모르겠습니다. 하지만 그렇게 두려워할 일은 아닙니다. 결핵은 적절한 치료와 예방방법이 있으니까요.

먼저, 치료에 대해 알아보겠습니다. 앞에서 증상이 없는 소아 결핵에 관해 얘기했는데, 이런 환자는 굳이 입원 치료할 필요는 없습니다. 그리고 일상생활에 너무 제한을 주지 말고 항결핵제를 9~12개월 동안 꾸준히 쓰면 됩니다. 이밖에 폐문 림프절염을 포함한 폐결핵에는 두세 가지의 항결핵제를 함께 쓰는 게 원칙입니다. 이렇게 치료를 해야만 확실히 치료가 되고, 내성균이 생기지 않기 때문입니다.

그러나 결핵은 무엇보다도 예방이 중요합니다. 특히 우리나라와 같이 결핵 유병률이 높은 나라에서는 예방접종이 더더욱 중요하다고 하겠습니다.

결핵 예방접종은 BCG를 사용하는데, 보통 생후 1개월 이내에 주사를 맞힙니다. 물론 BCG 접종을 한다고 해서 결핵이 완전히 예방되는 것은 아닙니다. 그러나 예방접종을 하면 다섯 살 미만의 어린이에게 치명적인 결핵성 뇌막염이나 속립성 결핵 등 중증의 결핵에 걸리는 것을 줄일 수가 있기 때문에 아직도 결핵이 많은 우리나라에서는 BCG 접종을 꼭 해야 하는 것입니다.

BCG 접종을 하고 1달 정도가 지나면 주사를 맞은 부위가 부어오르고 시간이 지나면서 조금씩 염증이 심해져서 때로는 고름이 나오기도 하나 대부분 2~3개월 후면 아물게 됩니다.

심한 피부 질환이나 영양 장애, 발육과 면역 기능이 떨어져 있는 아이에게는 BCG 접종을 하지 말아야 합니다. BCG 접종 후 겨드랑이나 목 부위에 림프절이 부어오르고 염증이 생기는 경우가 간혹 있기 때문입니다. 결핵 환자와 접촉하였거나 결핵반응검사가 음성이었다가 최근에 양성으로 바뀐 소아는 항결핵제를 장기간 복용하여 심한 결핵을 예방해야 합니다.

11.
소아 호흡기질환 중 응급을 요하는 질환과 응급처치

호흡기의 구조와 중요성에 대해서는 앞에서 여러 번 강조하였지만, 호흡기의 제일 중요한 역할은 생명에 필요한 산소를 몸속으로 들여 보내고 대사에 의해 발생된 탄산가스를 몸 밖으로 내보내는 통로로서의 역할입니다. 따라서 어떤 질병이나 원인에 의해서 공기 통로인 '기도'가 막혀 산소 공급이 충분치 못하게 되면, 저산소증이라는 치명적인 결과를 야기할 수 있습니다. 그러므로 기도 폐쇄를 일으키는 호흡기 질환은 응급을 요하는 질환입니다.

1 기도 폐쇄와 응급을 요하는 질환들

기도 폐쇄가 일어나게 되는 원인으로는 그림과 같이 네 가지를 생각할 수 있습니다. 림프절이 붓거나 종양

1) 목 뒤쪽으로 손을 넣어 들어올리면서 다른 한 손으로는 이마를 눌러 머리를 뒤쪽으로 젖힙니다. 누일 때는 목 밑에 베개 등을 넣어 숨쉬기 편한 자세를 유지시킵니다.

2) 아래턱 양쪽 가장자리를 손으로 잡고, 아래턱을 위턱보다 앞쪽으로 내밀게 합니다.

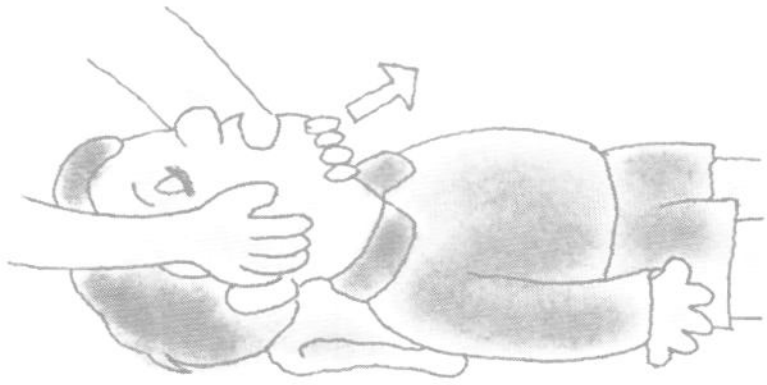

＊어린이인 경우

입안에 손가락을 넣어 아래턱을 앞쪽으로 내밀게 하고, 혀도 앞쪽으로 내밀게 합니다. 이때 입안에 음식물이 남아 있는지를 확인해야 합니다.

＊토했을 때

위의 2)의 방법으로 기도를 확보하고 얼굴을 옆으로 돌려놓습니다. 그리고 입안을 깨끗하게 해줍니다.

기도를 확보하는 방법

〈입으로 하는 인공호흡법 : 구강대구강법〉

최초 2~3회는 약간 빠르게, 그후에는 3초에 1회씩 실시하십시오.

1) 우선 기도를 확보하고 입안의 침 따위를 제거합니다.

2) 코를 손으로 쥐고 입을 서로 포개 대고 천천히 숨을 불어 넣습니다. 만약 입을 다쳤을 때는 반대로 코를 통해 숨을 불어넣습니다.

3) 불어넣은 숨이 들어갔는지는 가슴이 부풀어오르는 것으로 확인하면 됩니다. 또 숨을 내쉬는 것은 볼을 입 부근에 대 보면 알 수가 있습니다.

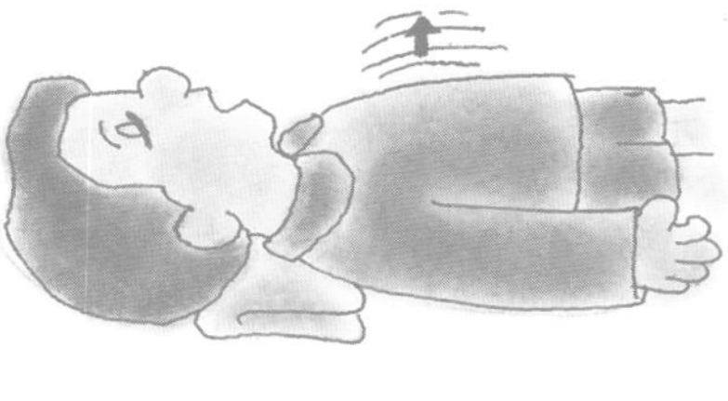

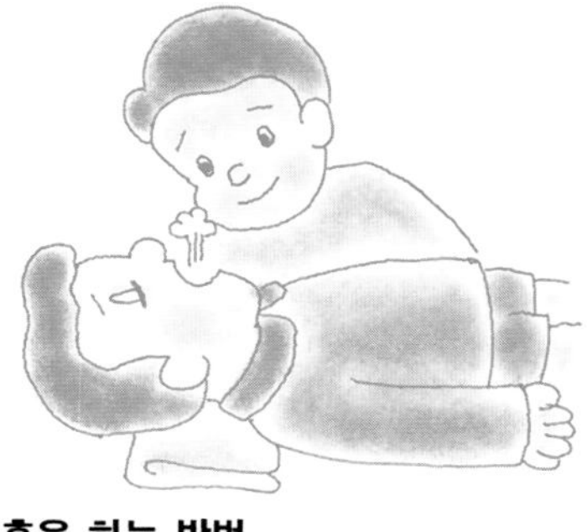

인공호흡을 하는 방법

12.
소아 호흡기 질환에 대한 상식 — 그 허와 실

1 부비동염(축농증)을 앓으면 머리가 나빠지는가

부비동염을 앓고 있는 어린이의 엄마들이 갖고 있는 걱정이란 대부분 비슷합니다.

"축농증을 앓으면 머리가 나빠진다고 하던데요" 또는 "축농증 때문에 공부하는 데 집중력이 떨어진다던데" 하는 식의 염려들입니다.

엄마들은 왜 이런 걱정을 갖게 되었을까요? 확실한 근거는 없습니다만 의학적으로 보면 부비동염이 안면의 부비동에 염증이 일어나서 농(고름)이 고여 있는 상태를 말하므로 이것을 두뇌와 연관지어 생각하기 때문에 그런지도 모르겠습니다.

부비동의 발달은 상악동으로부터 시작하여 한두 살이 되면 사골동이, 대여섯 살이 되며면 전두동과 접형동이 X－선 사진에서 관찰됩니다(128페이지 참조). 즉, 부비동이 발달하는 시기가 아이들이 학교에 다니기 시작하는 학동기와 맞물려 있는 것입니다. 그러다 보니 부비동염을 공부와 연관시켜 부비동염을 앓으면 머리가 나빠진다는 말이 생겨난 듯합니다.

이제 막 학교에 들어가서 공부를 해야 하는데 부비동염으로 인해 콧물과 코막힘이 오고, 때로는 두통으로 인해 정신집중이 안되고 산만해져 공부를 제대로 못하면 성적이 떨어질 텐데 하는 우려에서 "축농증을 앓으면 머리가 나빠진다"는 얘기가 나온 것 같습니다.

그러나 부비동염이 있다고 하더라도 소아과 전문의의 지시에 따라 적절한 약물치료를 받으면 학업에는 지장이 없으므로 이같은 염려는 하지 않아도 됩니다.

2 코감기, 목감기, 열감기는 서로 다른 병인가

일반적으로 감기란 코 점막의 염증으로 재채기, 콧물, 코막힘 등이 나타나는 급성 비인두염을 말합니다. 흔히 말하는 코감기니 목감기니 하는 것은 특별한 의미가 있는 것이 아니라 주로 나타나는 증상에 따라서 편의상 부르는 것입니다.

감기는 대부분 바이러스에 의해 감염되는데 바이러스의 종류만 하더라도 200종 이상이나 되고 한 종류의 바이러스에 감염됐다고 해서 한 가지 증상만 나타나는 것이 아니라 동시에 여러 증상을 일으키기도 하며, 여러 바이러스가 한 가지 증상을 일으키기도 합니다.

또 계절에 따라서 바이러스의 종류도 달라서 '리노 바

이러스'는 봄과 가을에 유행하여 심한 코 염증을 유발시킵니다. 그래서 콧물이 흐르고 코막힘이 나타나 코감기라고 부릅니다. 이때는 다른 감기와는 달리 림프절염, 인두염, 고막 발적이 없는 특징이 있습니다.

봄과 가을에 유행하는 '파라 인플루엔자'와 '연쇄상 구균'에 감염되었을 때는 목감기 증상이 주로 나타나며 편도선염과 급성 후두염을 일으키기도 합니다. 목감기에 걸리면 초기에는 목이 아프면서 서서히 열이 나고 2~3일쯤 지나면 목이 무척 아파 오며 쉰 목소리, 기침, 비염 등이 동반됩니다. 때로는 인두나 편도에 곱이 끼고 경부 림프절에 염증이 생기기도 하는데 대개는 1주일 이내에 회복이 됩니다.

'아데노 바이러스'에 감염되면 감기 증상 이외에 위장관 증상과 눈병을 일으키기도 하며 백일해와 유사한 발작성 기침을 하거나 발열과 함께 아주 심한 폐렴 증세를 보이기도 합니다.

3 폐렴 및 독감 예방주사의 효과

현대의학은 예전의 치료 중심 의학에서 예방 중심 의학으로 변화해 가고 있습니다. 환자를 치료한다는 개념에서 벗어나 병을 미리 예방하는 개념으로 바뀌어 가고 있는 것입니다. 이런 개념을 바탕으로 하여 개발된 것이 예방접종입니다.

예방접종은 기본접종(정기접종)과 선별접종으로 분류됩니다. 기본접종은 모든 어린이들이 기본적으로 받아야 하는 것이고, 선별접종은 어떤 병에 대한 위험성과 합병증의 우려가 높은 나이의 어린이에게, 또는 갑자기 병이 유행할 때에 선별적으로 시행하는 예방접종을 말합니다.

선별접종을 하여야 하는 질환 중에는 폐렴구균, 인플루엔자, 수두 같은 바이러스성 질환과 헤모필루스 인플루엔자, 장티프스 등의 세균성 질환 등이 있습니다.

(1) 폐렴구균(폐구균) 예방접종

'폐렴구균' 하면 다소 생소한 느낌이 들 것입니다. 폐렴구균은 자주 듣는 말이 아니라서 낯설기도 하지만 그보다도 잘못 이해할 소지가 있으므로 폐렴구균에 대해서 먼저 설명을 하겠습니다.

간혹 엄마들이 오해하고 있는 것은 폐렴구균이 모든 폐렴을 일으키는 균으로 잘못 알고 있다는 점입니다. 그래서 폐렴구균 백신을 맞히면 폐렴 전부를 예방할 수 있다고 알고 있습니다. 그러나 사실은 그렇지가 않습니다. 폐렴구균은 어린이에게 폐렴과 중이염, 패혈증, 뇌막염 등을 일으키는 세균들 중 하나일 뿐입니다.

앞에서도 보았듯이 폐렴의 원인으로는 바이러스가 가장 많고, 이외에도 세균, 마이코플라스마, 진균 등이 있습니다. 그런데 이 이름이 '폐렴구균'으로 되어 있다 보니 마치 이 균이 모든 종류의 폐렴을 일으키는 것으로 잘못 알고 있는 것입니다.

따라서 혼동을 막기 위해서는 '폐렴구균'이란 말보다는 '폐구균'이라고 하는 것이 더 좋을 듯싶습니다. 그래서 현재 접종하고 있는 '폐렴구균 백신'도 '폐구균 백신'이라고 하면 오해가 없을 것입니다.

폐구균 예방접종이 필요한 어린이는 폐구균에 감염되어서는 안되는 어린이들입니다. 면역 기능이 떨어진 어린이, 비장이 없는 무(無)비증 어린이, 신증후군 환자, 림프절 종양인 호치킨병에 걸린 환자, 후천성 면역결핍증 환자(AIDS) 등이 폐구균 백신을 맞아야 하는 어린이입니다. 이런 어린이는 폐구균에 감염되면 심하게 앓거나 사망할 수 있기 때문에 접종이 권장되고 있는 것이며 모든 어린이가 접종을 받아야만 되는 예방주사는 아닙니다.

폐구균 예방접종은 접종한 후 부작용이 비교적 경미한 편입니다. 하지만 접종받은 어린이의 약 70%가 접종 부위에 동통을 느끼며 그외에 미열, 관절통, 발진 등이 나타날 수도 있습니다. 그리고 재접종을 했을 때는 심한 부작용이 나타날 수 있으므로 일반적으로 재접종은 권하지 않습니다.

(2) 독감 예방접종(인플루엔자 백신)

독감은 어린이들이 가장 잘 걸리는 질환 가운데 하나입니다. 더욱이 독감은 유행성이라서 독감이 돈다고 하면 엄마들은 아이들이 바깥에 나가 노는 것조차 꺼리게 될 정도로 쉽게 감염이 됩니다.

독감은 인플루엔자 바이러스에 의해 감염되는 급성 호흡기 질환으로 보통 2~3년마다 작은 유행을 보이다가 10년마다 크게 유행하는 특징이 있습니다. 우리나라에서도 매년 '홍콩 A형'이니 'B형'이니 하는 독감이 유행하면서 어른이나 아이 할 것 없이 한두 차례씩 곤욕을 치르기도 합니다.

그런데 독감은 같은 바이러스 감염인데도 홍역이나 풍진처럼 한 번 앓고나면 면역이 생겨서 다시 감염되지 않는 병은 아닙니다. 인플루엔자 바이러스가 끊임없이 변형되기 때문에 한 해에 두 번 앓을 수도 있고, 지난해에 이어 올해에도 독감에 걸릴 수가 있는 것입니다.

독감 역시 호흡기로 감염되는데, 독감에 걸리면 초기에 고열과 오한, 두통과 근육통 등 전신 증상을 나타내다가 점차 기침 등 호흡기 증상으로 진행됩니다. 어린이는 폐렴을 일으키기도 하고 노약자는 독감으로 사망하기도 합니다.

따라서 독감에 걸려 심하게 앓을 위험성이 있는 사람들에게는 예방접종을 실시해서 그 위험성을 줄이는 것입니다. 그래서 감기를 달고 사는 어린이들, 특히 기관지 천식 환자들은 독감 예방주사를 맞혀서 독감을 예방해 주는 것이 좋습니다.

접종 대상은 6개월 이상의 어린아이를 비롯하여, 어른 중에서는 심장 질환이나 만성 호흡기 질환, 기관지 천식을 앓고 있는 사람과 노약자입니다. 또 면역 기능이 떨어진 사람이나 신장 질환자도 접종을 권하고 있습니다. 특히 기관지 천식을 앓고 있는 환자는 접종을 하는 것이 좋습니다.

그러나 열이 있을 때에는 접종을 해서는 안되며, 달걀에 대해 과민반응이 있는 사람은 주의를 해야 합니다. 6개월 미만의 갓난아기는 예방주사를 맞은 뒤 고열 등 전신 증상이 나타날 가능성이 높으므로 접종하지 않는 것이 좋습니다.

독감 예방접종은 열두 살 미만의 어린이인 경우 4주 간격으로 2회 접종하며 면역 효과는 약 5개월간 지속됩니다. 따라서 보통 인플루엔자가 매년 1~2월에 유행한다고 보면 예방접종은 10월 중순에서 12월 중순 사이에 끝내도록 하는 것이 적당합니다.

실제로 예방접종을 생각하고 있는 엄마들은 공통적인 의문을 가지고 있습니다. '예방접종을 하면 전혀 독감에 걸리지 않는가?'라는 점입니다. 인플루엔자 백신으로 완전한 면역이 된다면 얼마나 좋겠습니까마는 현재까지의 예방 효과는 약 70~80% 정도인 것으로 알려져 있습니다.

독감 예방접종 역시 접종 후 부작용이 나타날 수도 있습니다. 국소 증상으로는 접종 후 12~24시간 이내에 주사 맞은 부위가 빨개진다거나 아프며 가려움증이 생길 수가 있고, 개인에 따라서 열이 나고 근육통, 관절통 등의 전신 증상이 나타나기도 합니다. 특히 어린아이는 전신적인 부작용이 나타나는 경우가 많아서 열두 살 미만의 아이는 2회로 나누어 맞히고 있습니다.

(3) 예방접종시 금기사항

예방접종을 할 때 주의할 점과 금기사항은 아래와 같습니다. 열이 있거나 현저한 영양 장애가 있는 경우, 급성기의 심장 혈관계 질환 및 간장 질환, 신장 질환을 앓고 있는 경우, 백신 성분에 대해서 알레르기가 있는 경우, 백신 성분에 대한 중증의 이상반응 과거력이 있는 경우, 임신중인 경우와 기타 의사가 부적절하다고 판단되는 경우에는 접종을 연기하거나 중단하는 것이 좋습니다.

4 감기 치료에 도움이 될 수 있는 민간요법

민간요법이란 옛부터 우리 조상들이 많은 경험을 통해서 알게 된 치료방법입니다. 그러므로 민간요법을 올바로 이해하고 제대로 이용하면 감기를 치료하는 데 도움을 받을 수 있고, 건강을 지킬 수도 있습니다.

민간요법은 체력을 증강시키거나 체질을 개선하는 데 주된 치료 목표가 있습니다. 대개 민간요법은 즉시 효과가 나타나는 게 아니라 장기간 꾸준하게 해야 되므로 급성 질환인 경우에는 적절한 치료법이 아닙니다. 그러므로 급성질환 시에는 민간요법에 집착하지 말고 소아과 전문의의 진찰을 받아야 합니다.

이러한 점들을 염두에 두고 감기의 주요 증상인 기침, 발열, 오한, 콧물, 코막힘 등에 대한 민간요법을 알아보겠습니다.

(1) 기 침

대부분의 호흡기 질환에서 나타나는 중요한 증상은 기침입니다. 감기일 때 기침이 1주일 이상 지속되는 일은 드뭅니다. 그 이상 기침이 계속 된다면 감기보다는 감기의 합병증이나 기관지 천식 등 다른 질환을 의심해 보아야 합니다.

옛부터 민간에서는 칡뿌리, 도라지, 패모 등이 진해거담 효과가 있다고 하여 기침과 가래를 삭이는 데 많이 사용되고 있습니다. 은행이나 살구씨는 폐의 기능을 촉진시키고 기관지벽의 자극을 완화해 주는 성분이 들어 있어 기침을 가라앉혀 줍니다. 그러나 한 번에 너무 많이 먹으면 중독 증상이 나타나므로 많이 먹지 말아야 합니다. 이밖에 말린 귤 껍질, 유자 껍질과 검은 콩을 넣어 끓인 물을 마시는 것도 감기에 효험이 있다고 합니다.

선인장, 알로에, 도라지 뿌리, 오가피 열매, 수세미를 달인 물 등도 기침에 좋다고 알려져 있습니다.

(2) 발 열

열이 38℃ 이상 오르고 호흡이 가빠지면서 얼굴이 붉게 달아오르면 일단 옷을 가볍게 입히고 실내 온도를 20～22℃ 정도로, 습도는 50～60% 정도로 유지시킵니다.

이때 발열과 호흡수의 증가로 탈수 증세가 올 수 있으므로 보리차나 이온음료 등을 먹여 탈수를 예방하는 것이 좋습니다.

해열, 발한, 진통에 효과가 있는 민간요법으로는 소엽(하조기의 잎)과 인동덩굴이 있습니다. 이런 것을 달여서 그 물을 먹이면 열이 내리고 땀이 나면서 증상이 좋아집니다.

푸른 매실도 해열에 쓰입니다. 매실즙을 냉장고에 보관했다가 감기 기운이 있을 때 뜨거운 물에 한 숟가락 정도 타서 마시면 땀이 나면서 열이 내립니다. 파 역시 발한에 좋은 효과가 있다고 알려져 있습니다. 파 밑둥을 잘라 진하게 달여 마시면 열도 떨어지고 오한도 풀리게 됩니다.

(3) 목감기

목감기에 걸리면 열이 나면서 목이 아파 음식을 잘 삼키려고 하지 않습니다. 이것은 인두통 때문이므로 우선 음식을 유동식(미음) 또는 반유동식(죽)으로 하여 먹기 쉽게 해주고 너무 뜨겁지 않게 먹이는 것이 좋습니다. 그리고 갈분탕이나 야채 수프도 좋고, 열이 심할 때는 찬 우유나 아이스크림을 먹여도 좋습니다.

목이 아플 때는 치자나무 열매를 씁니다. 말린 치자나무 열매 20개에 약간의 물을 붓고 약한 불로 1시간 정도 달이면 갈색의 액체가 되는데, 이 물을 한 숟가락 정도 마시면 목의 통증이 가라앉습니다. 이 물은 입안이 거칠거나 잇몸이 부었을 경우에도 효과가 있습니다.

이밖에 무우즙 3분의 1 컵 정도에 벌꿀이나 물엿을

넣어 하루에 여러 번 마시거나, 잘게 썬은 유자를 끓여서 차로 마셔도 인두통이 없어지고 감기가 호전됩니다. 또 무우에는 비타민 C가 많고 소화효소도 포함되어 있어 식욕부진과 설사를 동반한 감기에도 좋습니다.

(4) 콧물, 코막힘

코감기에는 칡뿌리를 이용하는 방법이 있습니다. 칡뿌리의 생즙을 끓여서 마시게 하는 것입니다. 이 즙은 콧물을 그치게 하고 재채기를 낫게 한다고 알려져 있습니다. 또 약재를 쓰지 않고 콧망울 옆을 여러 차례 강하게 눌러 자극을 주어도 코의 증상이 좋아집니다.

(5) 설 사

감기에 걸린 어린아이들은 설사를 자주 하게 됩니다. 감기 기운이 있으면 위장관 증상이 함께 와서 설사를 하게 되므로 탈수가 되지 않도록 수분을 충분히 공급해 주어야 합니다.

설사를 하는 아이에게 좋은 식품은 사과, 당근, 무우, 감자, 두부 등입니다. 특히 사과는 산이 적고 팩틴 성분이 많기 때문에 설사 치료에 좋은데, 날것보다는 익혀서 먹이는 게 좋습니다. 반대로 먹여서는 안되는 식품으로는 우엉, 팥, 감귤류, 설탕류, 고구마, 지방류 등이 있습니다.

제 4 부

어린이와 소아과

1.
소아과란 어떤 곳인가

아이가 아프면 소아과를 찾게 됩니다. 그렇지만 아이가 아플 때 왜 소아과에 가야 하는지를 정확하게 알고 소아과를 찾는 부모들은 드문 것 같습니다. 단지 아직 어른이 되지 못한 어린아이가 치료받는 곳이 소아과이니까 소아과에 간다거나, 또는 늘 그래왔듯이 별다른 생각 없이 소아과에 가는 경우가 대부분입니다.

그러나 병에 민감한 어린이들에게 적절한 병원을 선택해 주는 것은 아이의 건강을 위해서 중요한 문제이므로 소아과에 대해 정확하게 알아보도록 하겠습니다.

1 어린이의 성장과 발육을 전문적으로 다루는 소아과

어린이를 키우면서 누구나 소아과를 찾게 되지만 실제

로 소아과란 어떤 곳인가를 정확하게 알고 있는 분은 많지 않습니다. 많은 분들이 소아과란 아직 어른이 되지 못한 어린아이들이 아프면 찾아가 진료를 받는 곳으로만 생각하는 정도입니다. 이는 '소아과'의 진정한 역할의 일부분에 지나지 않습니다.

'소아과'란 의학의 한 분야 중 소아에 관한 전반적인 학문인 '소아과학'을 전공하고 충분한 자격을 갖춘 전문의사들이 소아에게 의료행위를 하는 곳을 말합니다. 소아과학이 다른 의학분야와 구별되는 중요한 점은 '어린이는 어른의 축소판'이 아니고 계속해서 성장하고 발달하며 항상 변화해 나가는 생명체이며, 이렇게 시시각각 변화하는 생명체를 공부하고 연구하는 의학이라는 점입니다.

다시 말씀드리면 '소아과학'은 임신된 태아에서부터 청소년기(18～20세)에 이르기까지의 어린이 및 청소년의 성장과 발달, 소아에게 발생할 수 있는 모든 질병을 다루는 의학의 한 분야로, 어린이로 하여금 자신의 신체적·정신적 능력뿐 아니라 지능·정서·사회적 능력을 충분히 개발할 수 있도록 하여 앞으로 건강한 성인으로 성장할 수 있도록 그 기틀을 마련해 주고, 인도하는 것을 목적으로 하고 있습니다.

2 소아과에서는 어린이의 특성에 맞는 치료를 한다

경제적 여건의 호전에 따라 소아의 체형도 많이 발달하여 외형상 성인과 같은 경우도 있습니다. 그러나 이러

여기가 고장이 났지만 얼마 후에는 저기도 고장날 염려가 있으니 미리 손을 보아 두는 것이 안전합니다"라고 말하면 여러분들은 이 말에 따라서 예방조처까지 취할 수가 있을 것입니다.

사실 억지로 하려고만 든다면 전기 기술자가 수도를 고칠 수도 있을 것입니다. 아무래도 이들은 건축 일을 많이 해본 분들이고 또 손재간이 좋은 기술자들 중에는 모두 다 잘 고치는 재간꾼들도 많기 때문입니다. 그렇긴 해도 역시 전기 기술자는 전기를 잘 고치고 수도 기술자는 수도를 잘 고친다는 것은 부인할 수 없는 사실입니다. 경험이란 이처럼 중요하며, 한 가지 일을 오래 해야만 얻을 수 있는 하나의 기술입니다.

그런데 요즘 수도가 고장났는데도 전기 기술자에게 수리를 부탁하거나 전기가 고장났는데도 수도 기술자에게 수리를 의뢰하는 것과 같은 일을 종종 보게 됩니다. 바로 어린아이가 아픈데 소아과 의사가 아닌 다른 의사에게 진료를 받는 일이 바로 그것입니다. 물론 다같은 의사니까 '치료하지 말아야 할' 병은 따로 없습니다. 법적으로 보더라도 소아과 의사가 애기를 받지 말라는 법은 없습니다. 만약 산부인과 의사가 없는 곳에서 응급한 산모를 만났다면 소아과 의사도 애기를 받을 수밖에 없을 것입니다. 그러나 이것은 이례적인 일이며 여러분들은 소아과 의사가 애기를 받았다는 말은 들어 본 일이 없을 것입니다.

병도 전문가에게 맡기는 일이 현명합니다. 물을 퍼 올리는 펌프가 고장났는데 이것이 펌프 자체의 고장인지 또는 펌프의 전기배선에 이상이 있는지 잘 모를 때에는

우선 펌프 기술자에게 보여야 될 것입니다. 그래서 고장이 만약 전기계통에 있다면 펌프 기술자는 전공에게 수리를 의뢰하라고 할 것입니다. 마찬가지로 소아과 영역에 속하지 않는 병이라 하더라도 어린아이들의 병은 일단 소아과 의사에게 보인 뒤 소개를 받아서 해당 질환의 전문가에게 보이는 것이 안전합니다. 또 병은 서로 연관되어 있어서 부모가 알고 있던 병 이외에 숨겨져 있는 다른 병이 있을지도 모릅니다. 미처 몰랐던 병이 숨겨져 있다면 소아과 의사는 어린아이들만을 진찰해 온 경험을 통해서 이를 발견해 낼 수가 있으므로 이런 점에서도 역시 아이들의 병은 먼저 소아과 의사에게 보이는 것이 현명한 일입니다.

1 육아문제는 반드시 소아과 전문의와 상담해야 한다

미국에서의 통계에 따르면 소아과를 방문하는 어린이의 약 3분의 1이 육아상담과 건강상담, 예방접종 등을 위해 방문한다고 합니다. 많은 부모들이 단순히 아이들이 아파서가 아니라 어린이의 건강을 정기적으로 검진하고 상담하여 아이가 건강하게 자라도록 하기 위하여 소아과를 찾고 있다는 것을 의미합니다.

우리나라는 경제 수준과 교육 수준이 높아졌음에도 불구하고 아직도 어린이를 위한 전인적인 육아 의식은 부족한 편입니다. 선진국에서는 산전에서부터 취학전까지 육아 관리에 대한 평가를 받아야 하고, 유치원 입학 때에는 소아과 전문의의 소견과 예방접종을 받은 증명서를 제출해야 하며, 유치원이나 학교 생활 중에 발생하는 건강문제는 소아과 전문의와 직접 상의하게끔 되어 있습니다. 어린이의 건강에 대해 이 정도로 관심을 기울이고 있는 나라에 비하면 육아에 대한 우리의 현실은 아직도 뒤떨어진 면이 많습니다.

더구나 최근 들어 엄마들의 취업이 늘고 있어 다섯 살 이하의 어린이들 중 상당수(약 20%)가 엄마가 아닌 다른 사람들에게 맡겨지고 있는 실정이기도 합니다. 이러한 때에 가장 주목하여야 할 점은 어린이가 건강한 신체와 정신을 지닌 어른으로 성장할 수 있도록 보살피는 육아의 중요성입니다. 이를 위해서는 제일 먼저 부모의 관심이 무엇보다 중요하며 그 다음으로는 소아과 전문의의 도움을 받는 일입니다.

2 어린이의 치료에 전문성이 왜 필요한가

소아과 전문의는 적어도 4년 이상 소아에 관해서 공부하고 경험을 쌓은 전문가입니다. 그래서 소아과 전문의는 어린이 환자의 손을 잡으면 손에서 느껴지는 느낌에 의해 어린이의 상태가 어떤지를 파악할 수 있을 정도입니다. 그리고 간단한 진찰만으로도 어린이의 질병을 예측할 수 있는 것입니다. 이밖에도 소아과 전문의만이 가지고 있는 전문성은 다음과 같이 여러 면에서 다른 과 의사들과 차이가 있습니다.

(1) 성장 및 발달에 대한 점검

어린이는 출생시부터 성인에 이르기까지 계속 성장하고 발달하는 과정에 있다는 것은 앞에서도 여러 번 언급한 바가 있습니다. 이런 성장 및 발달은 유전적 · 환경적 요인에 따라 개인적인 차이는 있으나 일정한 범위 내에서 단계적인 과정을 거치게 됩니다. 따라서 신체적인 성장뿐 아니라 정상적인 정신적 · 육체적 발달을 종합적으로, 또한 정기적으로 평가하는 것이 무엇보다도 중요합니다. 이런 과정을 통하여 어린이의 정신적 · 육체적 질병을 사전에 예방할 수 있습니다.

(2) 영양 지도

어린이는 어른과 달리 영양 및 대사에 있어서 몇 가지 특수성을 갖습니다. 어린이는 계속 성장하기 때문에 신진대사가 왕성한 반면 영양의 축적이 적고 음식에 대한 적응력이 미숙하기 때문에 영양분의 결핍이 일어나기 쉽습니다. 따라서 어린이의 식사 버릇과 생리적인 요구량에 대하여 상당한 관심과 주의를 기울여야 합니다. 또한 소아기 때의 영양상태가 성인병에 영향을 끼친다고 알려져 있으므로 적절한 영양의 균형이 이루어지도록 어릴 때부터 노력해야 합니다.

(3) 건강진단과 예방접종

모든 질병은 치료하는 것보다는 사전에 예방하는 것이 더욱 중요합니다. 특히 어린이는 각종 질병에 대한 면역력이 아직 완전하지 못한 시기이므로 예방접종과 정기적인 건강 진단을 통해 질병을 예방하고 조기 진단하는 것이 더욱 요구되고 있습니다. 우리나라에서는 결핵, 디프테리아, 백일해, 파상풍, 홍역, 볼거리, 풍진, B형 간염, 일본뇌염 등을 기본적인 예방접종으로 시행하고 있으며, 그외에 수두 등이 필요한 경우에 선별접종으로 실시되고 있습니다. 소아과 전문의는 이런 각종 전염성 질환에 대한 예방접종을 안내하고 실시하고 있으며, 건강 진단을 통하여 접종 가능 여부 및 주의사항 등을 부모들에게 교육시키는 책임을 가지고 있습니다.

(4) 질병의 조기 발견과 치료

소아과 영역의 질병 중에는 조기에 발견하여 치료하면 합병증을 예방하고 영구적인 장애를 최소화할 수 있는 것들이 있습니다.

특히 선천성 대사이상 질환 중에는 신생아기에 선별검사를 통하여 조기 발견하여 적절히 치료하면 지능 박약을 예방할 수 있습니다.

이들 질환들은 신생아나 영아 초기에는 전형적인 증상이 나타나지 않는 경우가 많으므로 소아과 전문의의 정기적인 검진과 세심한 진료가 더욱 요구됩니다.

(5) 기존 질환에 의한 장애 예방

만성 질환을 앓으면 그 병이나 합병증으로 장애가 올 가능성이 비교적 높습니다. 따라서 이를 예방하기 위한 지속적인 노력이 필요하며, 소아과 전문의의 진료를 통해 장애를 예방하는 치료를 받아야 합니다.

이와 같이 소아과 전문의는 다른 진료과목 의사와 다른 독특한 전문성을 갖추고 있습니다.

3 소아과 전문의는 어린이의 병을 전체적으로 보고 판단하여 치료한다

많은 병이 그 원인은 한 가지이지만 증상이나 합병증 등은 다양하게 나타날 수 있습니다. 따라서 나타난 증상 하나 하나를 단편적으로 볼 경우 그 원인을 정확히 파악하지 못하여 치료 기간이 길어지거나 심각한 합병증 및 후유증을 가져올 수 있습니다.

한 가지 예를 들어 보겠습니다. 어떤 어린이가 열이 나고 목이 아파서 의원에서 편도선염 치료를 받았는데 그뒤 1~2주가 지나자 관절이 붓고 아파서 다른 의원을 찾아갔더니 류마티스성 관절염이란 진단을 받았다고 합니다. 그러나 이 환자는 편도선염과 류마티스성 관절염이라는 두 가지 서로 다른 병이 생긴 것이 아니라 처음에 연쇄상구균이라는 세균에 의한 편도선염을 앓은 후에 류마티스성 열이 발생되고 이 질환의 한 증상으로 관절염이 나타난 것입니다. 또한 류마티스성 열의 합병증으로 무서운 심장병도 발생할 수 있기 때문에 이 병이 생기는지 검사를 해봐야 예방할 수가 있습니다.

이렇듯 소아의 병들은 많은 예에서 한 가지 원인으로 시작되어 다양한 증상을 보이게 되므로 이를 전체적으로 판단하고 치료하여야 하는 것이 무엇보다도 중요합니다.

소아과 전문의들은 현재 나타난 증상이 소아과 영역의 병이 아니라 하더라도 그 근본적인 원인을 찾아 본 뒤 다른 진료과의 치료를 받게 함으로서 전체적인 치료를 받을 수 있도록 하는 것입니다. 다시 말해서 코끼리를 전체로 보지 못하고 코끼리 다리만 만져보는 식의 실수는 하지 않게 됩니다. 그러므로 '어린이에게 어떤 증상'이 나타나면 우선적으로 소아과 전문의에게 진찰을 받은 뒤에 필요한 경우 다른 진료과로 소개를 받도록 하는 것이 바람직합니다.

3.
소아과 전문의를 식별하는 방법

소아과 전문의가 다른 진료과목 의사와 다른 이유나 소아과 질환에 대한 기본적인 상식을 설명했으므로 어린이가 왜 소아과에서 진료를 받아야 하는지를 이해하셨을 것입니다. 그래서 아무 생각없이 집에서 가까운 병원을 다니셨던 부모들도 "이제부터라도 소아과에 다녀야겠구나"라고 생각하셨을 것입니다. 그런데 이것도 그렇게 쉬운 일은 아닙니다. 소아과 전문의가 있는 소아과를 식별할 수 있어야 하니까 말입니다.

1 진료과목에 소아과가 적혀 있다고 모두 소아과 전문의는 아니다

실제로 병원에서 진찰을 하다 보면 안타까운 경우가

차 필기시험에 합격한 사람만이 2차 실기시험과 구술시험에 응시할 수 있습니다.

이처럼 소아과 전문의가 되려면 5년간 여러 과정을 거치며 다양한 수련을 쌓게 되고, 그후 국가가 시행하는 자격시험을 거쳐 합격하여야만 비로소 소아과 전문의가 되는 것입니다. 따라서 이러한 과정을 거친 소아과 전문의만이 어린이 질병에 관한 전문성을 갖출 수 있게 되는 것입니다.

소아과학이란 임신한 태아에서부터 청소년기(18~20세)에 이르기까지의 어린이 및 청소년의 성장과 발달, 소아에게서 발생할 수 있는 모든 질병을 다루는 의학의 한 분야입니다.

5. 소아과 전문의에게 예방접종을 받아야 하는 이유

대체로 예방접종은 의사에게 받아야 한다는 사실을 잘 알고 있습니다. 그런데 어린이에 대한 예방접종은 반드시 '소아과 전문의'에게 받아야 한다는 점은 잘 모르는 것 같습니다. 여기서는 왜 어린이 예방접종은 소아과 전문의에게 받아야 하는지를 알아보겠습니다.

1 예방접종은 소아과에서 다루는 기본적이고 중요한 분야

홍역, 볼거리, 풍진 등과 같은 전염병은 어려서 한 번 앓고나면 다시 걸리는 일이 없습니다. 그 이유는 몸 안에 병을 이겨내는 힘인 면역이 생겼기 때문입니다. 이러한 면역이 생기기 위해서는 병을 일으키는 병균에 우리 몸이 한 번은 노출되어야 합니다. 예방접종이란 병균을 죽이거나, 병을 일으키지 않을 정도로 약하게 만든 것(백신)을 우리 몸에 넣어 주어 인공적으로 면역이 생성되게 한 뒤 다음에 동일한 병균이 침입하였을 때 이것을 물리쳐 병이 발생되지 않도록 하는 의료행위입니다. 그러므로 예방접종을 하지 않은 상태에서 이러한 병에 걸리면 병을 심하게 앓게 될 뿐만 아니라 자칫하면 생명을 잃게 될 수도 있으므로 이런 점들을 예방하기 위하여 미리 예방접종을 하고 있는 것입니다.

이처럼 어린이가 예방접종을 맞아 면역을 얻으면 특정한 병균으로부터 보호를 받을 수 있다는 사실은 모두가 아는 상식입니다만 왜 소아과 전문의에게 예방접종을 받아야 하는지는 잘 모르고 있습니다.

소아과 전문의는 수련과정을 통해 어린이들의 예방접종에 관해 배우고 많은 경험을 통해 이것을 익히게 됩니다. 그러므로 어린이의 건강과 질병에 대해 누구보다도 잘 알고 있으며 수련기간부터 많은 경험을 쌓은 소아과 전문의가 어린이에 대한 예방접종을 실시해야 보다 더 '안전'합니다.

특히 소아과 전문의로부터 예방접종에 적합한 건강상태인지를 면밀히 진찰받은 뒤 '이상이 없을 때' 접종을 받는 것이 중요하며, 예방접종에 따른 '부작용과 접종시 주의해야 할 점' 등을 살펴야 합니다. 따라서 예방접종을 받을 때에는 소아과 전문의에게서 개개인의 면역 상태와 과민반응 여부, 건강 상태 등을 종합적으로 살핀 다음 접종을 하고 개인건강기록부에 기록을 남기는 것이 바람직하다고 하겠습니다.

2 예방접종의 부작용

예방접종은 어린이가 건강한 상태에서 하는 것이 가장 좋습니다. 가벼운 기침이나 감기 증상이 있는 경우에는 소아과 전문의의 진찰을 받아 이상이 없으면 접종을 해도 무방합니다. 그리고 예방접종을 받은 뒤 곧바로 집으로 가지 말고 약 20~30분 정도는 병원에 있다가 이상이 없을 때 가도록 하고, 그외에도 의사의 주의사항을 잘 듣고 이에 따라야 합니다.

예방접종을 받을 때에는 부작용에 대해서 늘 신경을 써야 합니다. 백신은 개발 단계부터 안전성 여부를 확인하고 있지만 백신을 접종하는 횟수가 많아질수록 부작용이 나타날 확률도 점점 높아집니다. 그래서 개인의 면역상태나 과민반응에 대해 충분한 진찰을 한 다음 접종하고 있지만 이렇게 주의해도 간혹 예측할 수 없는 부작용이 나타나기도 합니다. 경우에 따라서는 과민반응으로 사망하는 등 심각한 위험이 초래되는 경우도 있습니다.

부작용에 대한 치료는 일반적으로 발열은 해열제로 치료하고, 국소반응에 대해서는 증상을 완화시키기 위해 냉찜질 등을 하게 됩니다. 그러나 4시간 이상 부작용이 계속 된다거나 심각한 부작용이 있을 때에는 곧 소아과 전문의에게 보이고 적절한 치료를 받도록 해야 합니다.

그러면 예방접종을 해서는 안되는 경우에는 어떤 것들이 있는지 알아보겠습니다. 물론 이런 경우 의사가 판단해 주긴 하겠지만 상식으로 알아두는 것도 좋을 것입니다.

3 예방접종시 주의사항

열이나 설사 등이 있거나 면역기능에 이상이 있을 때에는 예방접종을 하지 않는 것이 좋습니다.

홍역, 볼거리, 풍진 등의 생백신을 접종한 후 또는 이러한 병에 걸린 다음 다른 병에 대한 예방접종을 하려면 최소한 한 달의 간격을 두는 것이 좋습니다.

또 전에 DTP 접종을 받았을 때, 40℃ 이상의 고열이나 경련이 있었던 어린이는 다시 접종하지 말아야 합니다.

백일해 백신은 경련성 질환이 있는 경우, 적어도 경련 없이 6개월 이상이 지날 때까지 접종을 연기해야 합니다. 그리고 이전에 백일해 접종을 했을 때 고열, 경련, 높은 울음소리, 비명, 저혈압, 뇌염 증상 등의 부작용이 나타났던 경우에도 접종을 해서는 안됩니다.

MMR 백신은 달걀 알레르기가 있는 어린이는 주의하여야 합니다.

이외에도 의사가 판단하여 부적당하다고 인정될 때는 예방접종을 하지 말아야 합니다.

4 집단접종은 바람직한가

예방접종은 접종 자체도 중요하지만 그에 대한 기록도 상당히 중요합니다. 일반적으로 소아과에서는 접종 날짜와 백신의 종류, 접종 부위 등을 기록해 놓고 있습니다.

병원이나 의원에서 예방접종을 받기 어려웠던 과거에

는 전염병이 유행하면 이를 예방하기 위해 국가적인 차원에서 집단접종을 실시한 일이 많았습니다. 이것은 어느 특정 지역에 위험한 전염병이 유행할 때 빠른 시일 내에 접종률을 높여 전염병을 예방해야 했기 때문이었습니다.

이제는 우리도 잘살게 되었고 병원의 문턱도 낮아졌습니다. 그런데 아직도 학교나 유치원 등에서 단체로 예방접종을 하고 있는데 이것은 바람직하지 못한 접종방법입니다. 접종 전에 진찰도 하지 않을 뿐만 아니라 예방접종을 관리하는 소아과 의사도 없는 상태에서 집단접종을 하기 때문입니다.

이제는 사회적인 여건이 좋아졌으므로 예방접종은 반드시 개개인에 대한 건강을 살핀 후 개별적인 접종을 받도록 하고, 개인건강기록부에 기록을 남겨 종합적으로 관리하도록 해야 되겠습니다.

부 록

어린이 건강, 이렇게 돌보세요

1 정기 건강진단의 필요성

아기가 태어날 때 몸에 이상을 가지고 태어나거나 자라는 과정에서 질병이 생기는 수도 있으나 부모가 이를 알지 못하고 지나치게 되면 치료 시기를 놓칠 수가 있습니다. 따라서 정해진 시기에 정기 건강진단을 함으로써 어린이가 건강하게 자랄 수 있도록 하는 것이 중요합니다.

정기적인 건강진단과 상담은 1) 숨겨진 이상을 찾아내고, 2) 자라는 과정에서 발생할 수 있는 질병을 조기에 발견하여 예방 조치를 강구하고, 3) 연령에 따른 성장과 발육의 비교 관찰과, 4) 적기에 예방접종을 실시하며, 5) 육아상담과 지도 등을 통해서 건강하고 튼튼한 어린이로 자랄 수 있도록 도움을 줍니다.

바람직한 건강진단 횟수

연 령	횟 수
0～1개월	15일마다 1회씩
1～12개월	1～2개월마다 1회씩
1～2세	2～3개월마다 1회씩
3～6세	6개월마다 1회씩
7～20세	1～2년마다 1회씩

2 예방접종 계획표

예방접종은 건강한 때에 맞히는 것이 원칙이므로 이상이 있으면 소아과에서 진찰을 받은 후 의사의 지시에 따라서 맞히는 것이 좋습니다.

(1) 접종 전의 주의사항

- 접종 하루 전에 목욕을 시키고 보온성이 좋고 진찰하기 편리한 옷을 입힙니다.
- 접종 당일 아침에 체온을 재어 보고 고열 등의 증상이 있으면 의사와 상의하여 접종을 연기합니다.
- 접종 시에는 어린이의 건강 상태를 가장 잘 알고 있는 가족이 데려오는 것이 좋으며, 예방접종수첩을 가지고 갑니다.
- 접종할 예방백신에 대한 사전 지식을 미리 알고 갑니다.
- 예방접종을 받지 않을 어린이는 환자가 아닌 이상 데리고 오지 않는 것이 좋습니다.

(2) 접종 후의 주의사항

- 예방접종 후 20~30분 정도 병원에서 상태를 관찰한 다음 이상이 없으면 귀가합니다.
- 접종 후에는 외출을 삼가고 과로나 무리한 운동을 피해야 합니다.
- 접종 당일에는 가급적 목욕을 하지 않습니다(적어도 4시간 이상).
- 주사 맞은 부위를 청결하게 유지합니다.
- 접종 후 고열이 나거나 경련, 갑자기 날카로운 소리로 우는 경우, 발진, 두드러기 등 이상반응이 나타나면 즉시 의사에게 진찰을 받도록 합니다.

■ 예방접종표

소아 예방접종표(1997년)

연 령	종 류	연 령	종 류
0～1주	B형 간염[1)]	18개월	DTaP
0～4주	BCG	3세	일본 뇌염[7)]
2개월	B형 간염[2)], DTaP[3)], 폴리오[4)]	4～6세	DTaP, 폴리오 MMR
4개월	DTaP, 폴리오	14～16세	성인용 Td[8)]
6개월[5)]	DTaP, 폴리오		
12～15개월	MMR[6)]		

1) 모체가 HBsAg 양성인 경우, 초회 접종으로 가능하면 12시간 이내에 HBIG와 함께 부위를 달리하여 B형 백신을 접종한다(늦어도 1주일 이내에 접종).
B형 간염 백신은 제품에 따라 0, 1, 6 또는 0, 1, 2개월 방법으로 3회 접종한다.
모체의 HBsAg 상태를 모를 때에는 출생시 B형 간염 백신을 접종하고, 모체의 결과가 양성이면 HBIG를 가능하면 2일 이내, 늦어도 7일 이내에 근육 주사한다.
2) 모체가 HBsAg를 음성인 경우, 초회 접종을 2개월부터 접종하여도 좋다(자세한 내용은 본문 참조).
3) 개량 디프테리아 · 파상풍 · 백일해 혼합 백신
4) 경구용 폴리오 혼합 백신
5) 홍역의 유행이 있는 경우에는 6개월부터 홍역 단독 백신을 접종한다.
6) 홍역 · 볼거리 · 풍진 혼합 백신
7) 1 ~ 2주 간격으로 2회 접종하고, 다음해에 1회 접종한다. 추가 접종은 3회 기초 접종 후 2년마다 접종한다.
8) 14 ~ 16세부터 매 10년마다 접종한다.

3 「한국 소아의 발육 곡선」을 이용해서 어린이의 발육을 평가하는 방법

1. 이 표는 남아, 여아용으로 나뉘어져 있으며, 성별에 따라 36개월까지는 매달 기록할 수 있도록 되어 있고, 2세부터 20세까지는 매년 기록할 수 있도록 4개의 표로 나뉘어져 있습니다.

2. 표에는 7줄로 된 곡선이 위아래로 두 개가 그려져 있습니다. 여기서 위에 있는 것은 신장의 발육을 나타내며 아래에 있는 것은 체중의 발육을 나타낸 것입니다.

3. 각각의 곡선을 잘 보면 맨 위에서부터 97, 90, 75, 50, 25, 10, 3이란 숫자가 기록되어 있습니다. 이 곡선을 백분위수(퍼센타일)라고 부릅니다. 이런 곡선을 이용해서 발육을 평가하는 이유는 100명의 같은 나이 또래의 아이들 가운데 우리 아이는 어디에 속해 있는지를 쉽게 알기 위해서입니다.

4. 예를 들어 15개월 된 남아의 체중과 신장을 측정하였더니 11.6kg, 85cm였다고 합시다. 이때 주의할 점은 4개의 표 중 〔1〕남아 0~36개월의 표를 보아야 된다는 것입니다. 이 표의 양쪽에 신장은 cm로 체중은 kg으로 나와 있는 것에 주의하십시오. 이제 표를 찾아 봅시다. 이 아이의 체중은 50백분위수, 신장은 90백분위수에 해당함을 알 수 있습니다. 이것이 갖는 의미는 같은 나이 또래의 아이 중 50%는 이 아이보다 체중이 적으며, 90%

의 아이는 신장이 작음을 의미하는 것입니다. 다시 말해서 키는 큰 편이고, 체중은 보통이라는 것을 알 수가 있습니다.

5. 자라나는 아이들의 발육을 평가할 때 중요한 것은 '한 시점'의 측정치를 가지고 평가하는 것보다 연속적으로 측정한 치(장기간의 측정치)를 평가하는 것이 올바른 평가를 할 수가 있다는 것입니다. 그래서 이렇게 장기간 측정할 수 있도록 되어 있는 이런 표를 만들게 된 것입니다. 그 이유는 아이들은 발육을 계속해서 해나가기 때문에 전체적인 발육과정을 평가해야만 올바른 평가가 되기 때문입니다. 예를 들어 어떤 아이의 측정치가 50백분위수에 있다고 합시다. 이 측정치를 얼른 보면 발육상태가 '보통'인 것처럼 보입니다. 그러나 이 아이가 전에는 90백분위수를 유지해 오던 아이였다면 발육이 나빠진 상태를 의미하고 전에 25백분위수를 유지하던 아이였다면 발육이 오히려 좋아진 것으로 평가해야 합니다. 이처럼 아이들의 발육을 올바로 평가하려면 지속적인 발육 측정이 필요한 것입니다. 일반적으로 50백분위수를 유지했다면 보통인 것으로 보고 그 이상으로 갈수록 더 좋게 평가를 할 수가 있지만 체중이 97백분위수를 넘어가면 비만으로 보게 됩니다.

[1] 한국 소아의 발육곡선(신장, 체중)(남아 0~36개월)

• 체중과 신장을 이 그래프에 그려 주세요.

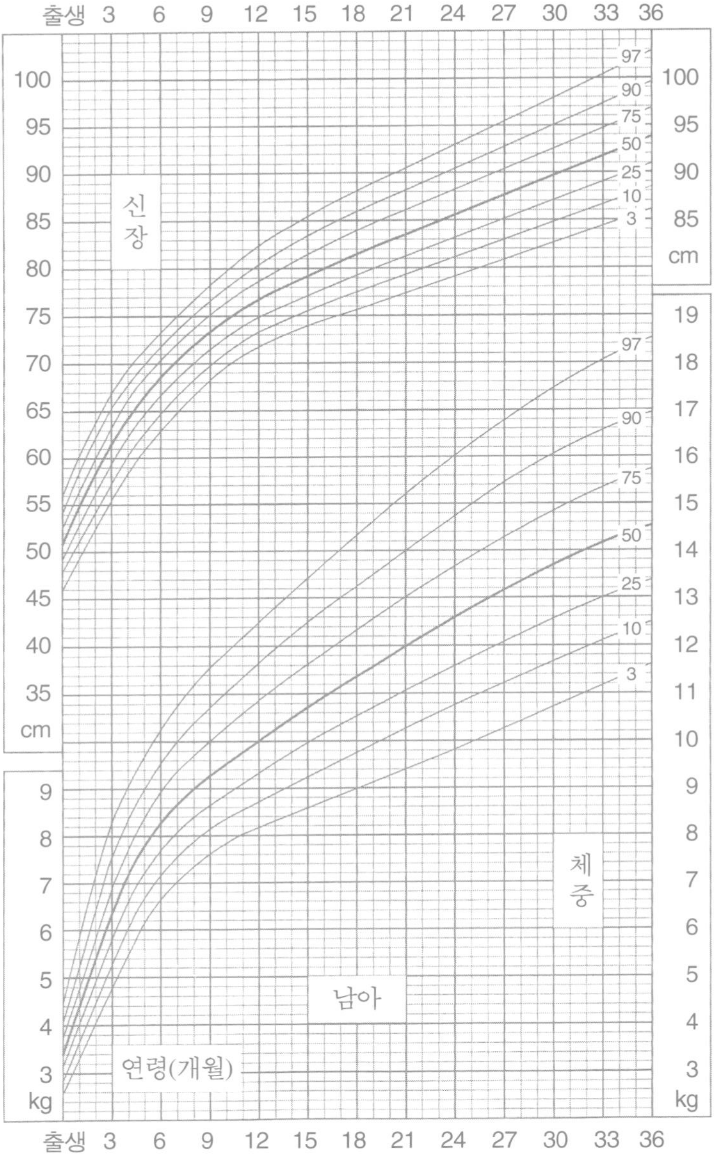

〔2〕 한국 소아의 발육곡선(남아 2~20세)

• 체중과 신장을 이 그래프에 그려 주세요.

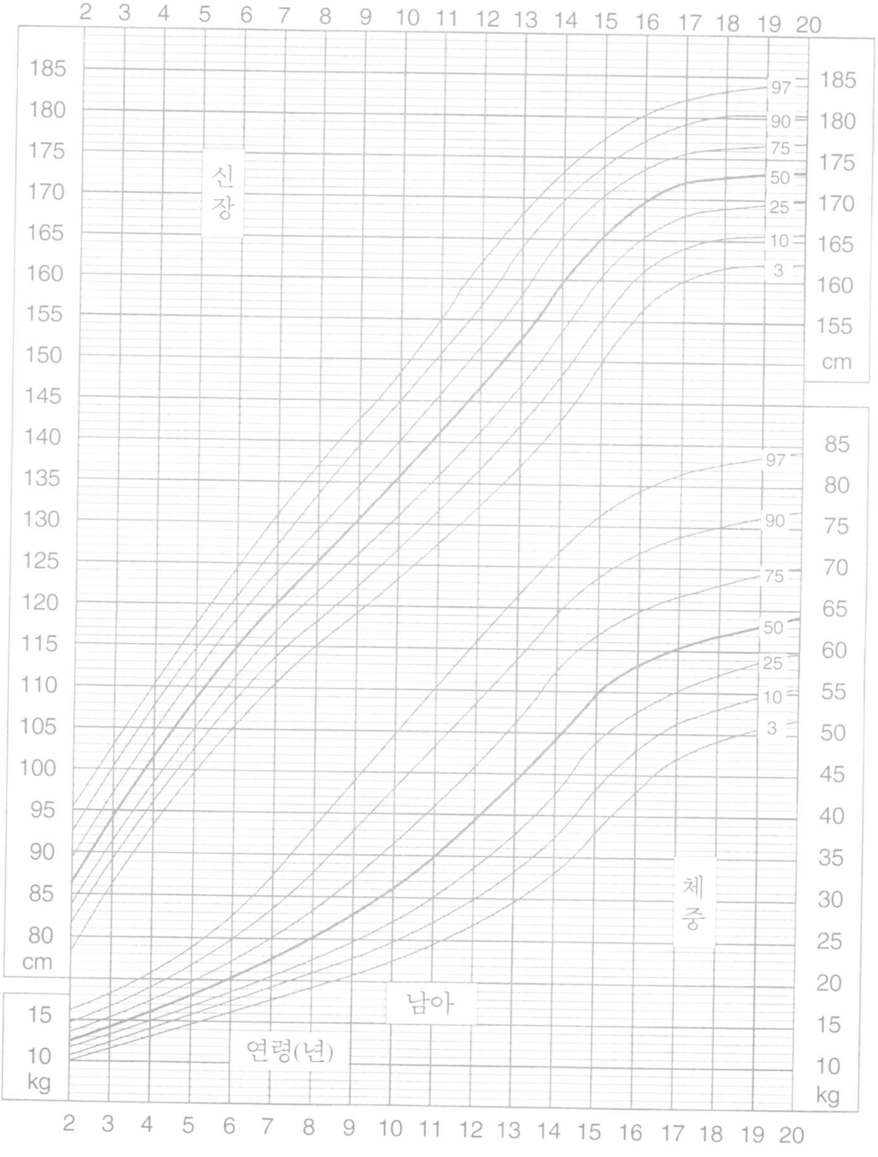

〔3〕 한국 소아의 발육곡선(신장, 체중)(여아 0~36개월)

• 체중과 신장을 이 그래프에 그려 주세요.

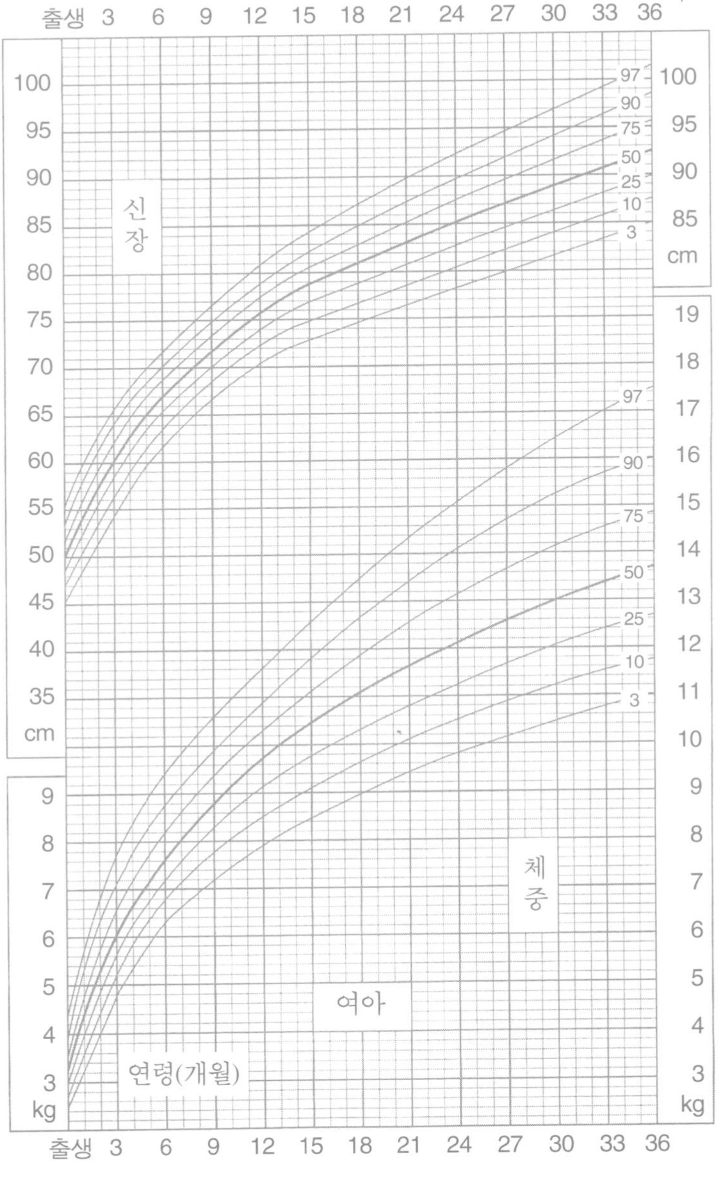

□ 찾아보기 □

ㅈ

ㅊ

ㅋ

ㅌ

ㅍ

ㅎ

감기를 달고 사는 아이들

1999년 4월 10일 3판 1쇄 발행
2011년 3월 30일 3판 2쇄 발행

엮은이 / 대한소아알레르기호흡기학회
펴낸이 / 고화숙
펴낸곳 / 도서출판 소화

150-037 서울시 영등포구 영등포동 7가 94-97
전화 (02)2677-5890 팩스 (02)2636-6393
출판등록 제13-412호

ISBN 978-89-8410-117-3

값 12,000원
잘못된 책은 언제나 바꾸어 드립니다.